计算机科学与技术丛书

U0368303

大学计算机基础

陈如琪　王学伟　于丽芳　齐亚莉◎编著

清華大學出版社

北京

内 容 简 介

本书根据教育部《关于进一步加强高等学校计算机基础教学的意见暨计算机基础课程教学基本要求》，以 Windows 10 和 Office 2016 为平台，系统、全面地介绍了计算机基础知识和基本操作，主要包括计算机基础知识、计算机系统的组成、Windows 10 的基本操作、计算机网络基础、多媒体技术和办公自动化软件 Office 2016 及其应用。

本书具有较强的系统性和实用性，理论部分内容完整，各章末尾配有思考与练习题，同时配有电子教案。读者通过使用本书，不仅能够系统地学习掌握信息技术基础理论，还能够熟练掌握计算机的基本操作。

本书适合作为高等院校非计算机专业计算机基础课程教材，也可作为学生学习计算机信息技术的参考书。

图书在版编目（CIP）数据

大学计算机基础/陈如琪等编著. —北京：清华大学出版社，2024.7
（计算机科学与技术丛书）
ISBN 978-7-302-66336-2

Ⅰ.①大…　Ⅱ.①陈…　Ⅲ.①电子计算机－高等学校－教材　Ⅳ.①TP3

中国国家版本馆 CIP 数据核字（2024）第 105896 号

责任编辑：曾　　珊
封面设计：李召霞
责任校对：李建庄
责任印制：刘海龙

出版发行：清华大学出版社
　　　　网　　　址：https://www.tup.com.cn，https://www.wqxuetang.com
　　　　地　　　址：北京清华大学学研大厦 A 座　　　邮　　编：100084
　　　　社 总 机：010-83470000　　　　　　　　　邮　　购：010-62786544
　　　　投稿与读者服务：010-62776969，c-service@tup.tsinghua.edu.cn
　　　　质量反馈：010-62772015，zhiliang@tup.tsinghua.edu.cn
　　　　课件下载：https://www.tup.com.cn，010-83470236
印 装 者：北京同文印刷有限责任公司
经　　销：全国新华书店
开　　本：185mm×260mm　　　印　　张：13.5　　　　　字　　数：353 千字
版　　次：2024 年 7 月第 1 版　　　　　　　　　　　印　　次：2024 年 7 月第 1 次印刷
印　　数：1～2000
定　　价：59.00 元

产品编号：103041-01

前　言
PREFACE

随着计算机信息技术的飞速发展,信息技术不断地运用到人们的工作、学习和日常生活中。掌握并运用计算机的基本知识,是信息化社会对科技人才的基本要求。

党的二十大报告明确指出"实施科教兴国战略、人才强国战略、创新驱动发展战略",计算机信息技术基础是现代大学生必须掌握的计算机专业基础知识,已经成为高等院校进行计算机教育的一门必修课程。

根据教育部高等学校计算机基础课程教学指导委员会提出的"计算机基础课程基本要求"的指导意见,立足于推动高等学校计算机基础的教学改革和发展,适应信息社会对专业人才计算机知识的需求,我们组织编写了本套教材。

本套教材全面系统地介绍了计算机与信息技术的相关知识,在操作系统部分也详细讲解了操作步骤。本套教材的内容分为两部分。第一部分为基本理论,共7章,讲述计算机的相关知识,主要包括计算机的发展与计算机系统的组成、操作系统 Windows 10 的基本操作、计算机网络基础、多媒体技术和办公自动化软件 Office 2016 及其应用。本书即为第一部分。第二部分即《大学计算机基础实践教程》(ISBN 为 9787302663355),为本书的配套教材,主要包括操作系统 Windows 10、Word 2016、Excel 2016、PowerPoint 2016 和计算机网络的实践指导。读者通过学习本套教材,不仅能够掌握计算机基础知识,还有助于熟练掌握计算机的基本操作。

本书适合作为高等院校非计算机专业计算机基础课程教材,也可作为学生学习计算机信息技术的参考书。本书建议总学时数为64学时,其中32学时为上机实践,可根据实际需要对授课内容进行取舍。为实现较好的教学效果,教学时建议将本书与配套教材(《大学计算机基础实践教程》)一起使用。

本书由陈如琪、王学伟、于丽芳、齐亚莉编著,解凯、刘犇、徐秀花、李桐参加编写。其中第1章由陈如琪编写,第2章由王学伟编写,第3章由陈如琪、解凯编写,第4章由陈如琪、李桐编写,第5章由于丽芳、徐秀花编写,第6章由陈如琪、刘犇编写,第7章由齐亚莉编写。全书由陈如琪负责统稿。本套教材的出版得到了北京印刷学院计算机科学与技术系全体教师的大力支持,在此深表感谢。

由于编者水平有限,书中难免有不足之处,敬请读者指正。

编　者

2024 年 6 月

目 录
CONTENTS

计算机基础知识

计算机是一种高速的,并且能够精确处理信息的现代化电子设备,是 20 世纪伟大的发明之一。随着计算机技术的发展,计算机已广泛应用到国防、工业、农业、企业管理和日常生活的各个领域,对人类社会的发展产生了极其深远的影响。

对于生活在 21 世纪的每个人来说,了解计算机的基本知识,进一步掌握计算机的原理和应用知识,是必须具备的能力之一。本章将介绍计算机的基本组成部分和工作原理,以及计算机中数据的存储与表示方法。

1.1 概述

1.1.1 计算机的发展

世界上第一台电子数字计算机是由美国宾夕法尼亚大学的物理学家约翰·莫奇利(John Mauchly)和工程师普雷斯伯·埃克特(Presper Eckert)领导研制的,取名为 ENIAC(Electronic Numerical Integrator And Computer)计算机,如图 1-1 所示。

图 1-1 世界上第一台电子数字计算机

1942 年在宾夕法尼亚大学任教的莫奇利提出了用电子管组成计算机的设想,这一方案得到了美国陆军弹道研究所的关注。当时正值第二次世界大战,为解决新武器研制中的弹道和射程的计算问题,在美国陆军部的资助下,莫奇利和埃克特领导的科技人员从 1943 年开始计算机的研制工作,于 1946 年 2 月研制出世界上第一台电子数字计算机,并取名 ENIAC。它犹如一个庞然大物,占地 170m^2,质量达 30t,使用 18 800 只电子管,1500 多个继电器,耗电

150kW，投资近百万美元，每秒能完成 5000 次加法运算。与手工计算相比速度要大大加快，60s 射程的弹道计算时间由原来的 20min 缩短为 30s，完成了计算弹道轨迹的任务。它的特点是体积大、功耗大，但是它为以后计算机的科学发展奠定了基础。

在计算机的发展过程中，每克服一个缺点，都为计算机的发展带来很大影响。其中影响最大的是"存储程序原理"的采用。1945 年美籍匈牙利数学家冯·诺依曼（Von Neumann）参加新机器 EDVIC 的研制，参加工作的还有研制 ENIAC 的原班人马莫奇利等。他的设计体现了"存储程序原理"和"二进制"的思想，建立了所谓的冯·诺依曼型计算机结构体系，对后来计算机的发展有着深远的影响。

从第一台计算机的诞生到现在，计算机已经走过了半个多世纪的发展历程。在这期间，计算机的系统结构不断变化，应用领域也在不断拓宽。

人们根据计算机所采用的逻辑元器件，把计算机分为四代。

（1）从第一台计算机的诞生直至 20 世纪 50 年代后期的计算机属于第一代计算机，其主要特点是采用电子管作为基本物理器件。第一代计算机体积大、能耗高、速度慢、容量小、价格高且应用仅限于科学计算和军事目的。

（2）20 世纪 50 年代后期到 60 年代中期出现的第二代计算机，采用晶体管作为基本物理器件，并采用了监控程序管理计算机。它的运算速度比第一代计算机提高了近百倍。其特征是：用晶体管代替电子管，大量采用磁芯作为内存储器，采用磁带等作为外存储器，体积小，功耗降低，运算速度提高到每秒几十万次，内存容量扩大到几十万字节，价格大幅度下降。在软件方面，除了使用机器语言外，开始采用有编译系统的汇编语言和高级语言，建立了子程序库和批处理监控程序，使程序的设计和编写效率大为提高。在程序设计方面，研制出了一些通用的算法和语言，其中影响最大的是 FORTRAN 语言。此后 COBOL 和 ALGOL 语言也相继出现，操作系统的雏形开始形成。这个时期的计算机不仅用于军事和尖端技术上，同时也被用于工程设计、数据处理、信息管理等方面。

（3）从 20 世纪 60 年代中期到 70 年代初期是计算机发展的第三代。IBM 公司 1964 年研制出的计算机 IBM 360 采用集成电路代替分离元件，被称为第三代计算机。它采用半导体存储器代替磁芯存储器，运算速度提高到每秒几十万到几百万次，在存储容量和可靠性等方面都有了较大的提高。同时，计算机软件技术的进一步发展，多处理器、虚拟存储器系统和面向用户的应用软件的发展大大丰富了计算机软件资源。为了充分利用已有的软件，解决软件兼容的问题，出现了系列化的计算机，其中影响最大的是 IBM 公司研制的 IBM 360 计算机系列。这个时期的另一个特点表现在小型计算机的应用上，一些小型计算机在程序设计技术方面形成了 3 个独立的系统，即操作系统、编译系统和应用程序。

（4）从 20 世纪 70 年代初至今是计算机发展的第四代。1971 年发布的 Intel 4004，是微处理器的开端，也是大规模集成电路发展的一大成果。Intel 4004 用大规模集成电路把运算器和控制器制作在同一块芯片上，虽然字长只有 4 位且功能很弱，但它是第四代计算机在微型机方面的先锋。8 位微处理器于 1973 年问世，最先出现的是 Intel 8008。尽管它的性能还不完善，但已展示了其无限的生命力，驱使众多厂家投入竞争，使微处理器得到了蓬勃的发展。之后，出现了 Intel 8080、Motorola 6800、Zilog Z80。1978 年以后，16 位微处理器相继出现，微型计算机达到一个新的高峰，典型代表有 Intel 8086、Motorola 公司的 MC6800 和 Zilog 公司的 Z8000。Intel 公司不断推动微处理器的革新，紧随 8086 之后，又研究成功了 80286、80386、80486、奔腾（Pentium）、奔腾二代（Pentium Ⅱ）、奔腾三代（Pentium Ⅲ）、奔腾四代（Pentium 4）。个人计算机（PC）不断更新换代，日益风靡世界。

第四代计算机以大规模集成电路作为逻辑元件和存储器,使计算机向着微型化和巨型化两个方向发展。其特征是以大规模和超大规模集成电路为计算机的主要功能部件,用集成度更高的半导体作为主存储器,计算速度可达到每秒亿次以上的数量级。在系统结构方面,并行处理技术、分布式计算机系统和计算机网络等都有了很大的发展;在软件方面,发展了数据库系统、分布式操作系统、高效而可靠的高级语言和面向对象技术等,并逐步形成软件产业。计算机发展的四个时代如表1-1所示。

表1-1　计算机发展的四个时代

代　别	主机电子器件	内　存	外存储器	处理速度（指令数/s）
第一代（1946—1957）	电子管	汞延迟线	穿孔卡片、纸带	几千条
第二代（1958—1964）	晶体管	磁芯存储器	磁带	几百万条
第三代（1965—1970）	中小规模集成电路	半导体存储器	磁带、磁盘	几千万条
第四代（1971年至今）	大规模、超大规模集成电路	半导体存储器	磁带、磁盘、光盘等大容量存储器	数亿条以上

半导体技术的飞速发展造就了计算机产业。著名的摩尔定律指出:半导体上的集成度每18个月提高一倍。从1965年诞生后的40年内都非常准确。

从第一代到第四代计算机,计算机的体系结构都是相同的,即由控制器、存储器、运算器和输入/输出设备组成,称为冯·诺依曼体系结构。

硅芯片技术的高速发展同时也意味着硅技术越来越接近其物理极限,为此世界各国的研究人员正在加紧研究开发下一代计算机,俗称"第五代计算机"。计算机从器件到体系结构都将产生质变与飞跃。新型的量子计算机、神经网络计算机、光子计算机将在不久的未来逐渐走进我们的生活。

1.1.2　中国计算机的发展

1956年,在党中央"向科学进军"的号召指引下,周恩来总理亲自主持制定了我国《十二年科学技术发展规划》,选定了"计算机、电子学、半导体、自动化"作为"发展规划"的四项紧急措施,并制定了计算机科研、生产、教育发展计划。我国计算机事业由此起步。8月,成立了由华罗庚教授为主任的科学院计算所筹建委员会,并组织了计算机设计、程序设计和计算机方法专业训练班,还首次派出一批科技人员赴苏联实习和考察。

1. 我国第一个计算机科研小组

华罗庚教授是我国计算技术的奠基人和最主要的开拓者之一。当冯·诺依曼开创性地提出并着手设计存储程序通用电子计算机EDVAC时,正在美国普林斯顿大学工作的华罗庚教授参观过他的实验室,并经常与他讨论有关学术问题。华罗庚教授1950年回国,1952年在全国大学院系调整时,他从清华大学电机系物色了闵乃大、夏培肃和王传英三位科研人员在他任所长的中国科学院数学所内建立了中国第一个电子计算机科研小组。1956年筹建中国科学院计算技术研究所时,华罗庚教授担任筹备委员会主任。

2. 第一代电子管计算机研制（1958—1964年）

我国从1957年开始研制通用数字电子计算机,1958年8月1日该机可以表演短程序运行,标志着我国第一台电子计算机诞生。为纪念这个日子,该机定名为八一型数字电子计算机。该机在738厂开始小量生产,改名为103型计算机(即DJS-1型),共生产38台,如图1-2所示。

图1-2 我国第一台电子计算机(103机)

1958年5月我国开始了第一台大型通用电子计算机(104机)研制,以苏联当时正在研制的БЭСМ-Ⅱ计算机为蓝本,在苏联专家的指导帮助下,中国科学院计算技术研究所、四机部、七机部和部队的科研人员与738厂密切配合,于1959年国庆节前完成了研制任务。

在研制104机的同时,夏培肃院士领导的科研小组于1960年4月首次自行设计并研制成功一台小型通用电子计算机——107机。

1964年我国第一台自行设计的大型通用数字电子管计算机119机研制成功,平均浮点运算速度为每秒5万次,参加119机研制的科研人员约有250人,有十几个单位参与协作。

3. 第二代晶体管计算机研制(1965—1972年)

我国在研制第一代电子管计算机的同时,已开始研制晶体管计算机,1965年研制成功的我国第一台大型晶体管计算机,命名为109乙机,实际上从1958年起中国科学院计算技术研究所就开始酝酿启动。在国外禁运条件下,我国于1958年建立了生产晶体管的109厂。经过两年的努力,109厂就提供了109乙机所需的全部晶体管。109乙机共用20 000多支晶体管,30 000多支二极管。对109乙机加以改进,两年后又推出109丙机,为用户运行了15年,有效算题时间达10万小时以上,在我国两弹试验中发挥了重要作用,被用户誉为"功勋机"。

我国工业部门在第二代晶体管计算机研制与生产中发挥了重要作用。华北计算技术研究所先后研制成功108机、108乙机(DJS-6)、121机(DJS-21)和320机(DJS-8),并在738厂等五家工厂生产。中国人民解放军军事工程学院(简称哈军工,国防科技大学的前身)于1965年2月成功推出了441B晶体管计算机并小批量生产了40多台。

4. 第三代基于中小规模集成电路的计算机研制(1973年至20世纪80年代初)

IBM公司1964年推出360系列大型机是美国进入第三代计算机时代的标志,我国到20世纪70年代初期才陆续推出大、中、小型采用集成电路的计算机。1973年,北京大学与北京有线电厂等单位合作研制成功运算速度达每秒100万次的大型通用计算机。进入80年代,我国高速计算机,特别是向量计算机有新的发展。1983年中国科学院计算技术研究所完成我国第一台大型向量机——757机,计算速度达到每秒1000万次。

这一纪录同年就被国防科技大学研制的银河-Ⅰ亿次巨型计算机打破。银河-Ⅰ巨型机是我国高速计算机研制的一个重要里程碑,它标志着我国动乱时期与国外拉大的距离又缩小到7年左右,如图1-3所示。

5. 第四代基于超大规模集成电路的计算机研制(20世纪80年代中期至今)

我国第四代计算机研制也是从微机开始的。20世纪80年代初我国不少单位也开始采

图1-3 银河-Ⅰ计算机

用Z80、X86和M6800芯片研制微机。1983年12月电子部六所研制成功与IBM PC机兼容的DJS-0520微机。经过10多年的发展,我国微机产业取得了显著成果,现在以联想微机为代

表的国产微机已占领一大半国内市场。

1992 年国防科技大学研究成功银河-Ⅱ通用并行巨型机,峰值速度达每秒 4 亿次浮点运算,相当于每秒 10 亿次基本运算操作,总体上达到 20 世纪 80 年代中后期国际先进水平。

从 20 世纪 90 年代初开始,国际上采用主流的微处理机芯片研制高性能并行计算机已成为一种发展趋势。国家智能计算机研究开发中心于 1993 年研制成功曙光一号全对称共享存储多处理机。1995 年,国家智能机中心又推出了国内第一台具有大规模并行处理机结构的并行机曙光 1000,它含有 36 个处理机,峰值速度达每秒 25 亿次浮点运算,实际运算速度上达到了每秒 10 亿次浮点运算。

1997 年国防科技大学研制成功银河-Ⅲ百亿次并行巨型计算机系统,采用可扩展分布共享存储并行处理体系结构,由 130 多个处理结点组成,峰值性能为每秒 130 亿次浮点运算,系统综合技术达到 20 世纪 90 年代中期国际先进水平。

国家智能机中心与曙光公司于 1997—1999 年先后在市场上推出具有机群结构的曙光 1000A、曙光 2000-Ⅰ、曙光 2000-Ⅱ超级服务器,峰值计算速度已突破每秒 1000 亿次浮点运算,机器规模已超过 160 个处理机。

2000 年,曙光公司推出每秒 3000 亿次浮点运算的曙光 3000 超级服务器。

2001 年,中国科学院计算技术研究所研制成功我国第一款通用 CPU——“龙芯一号”芯片。

2002 年,曙光公司推出完全自主知识产权的“龙腾”服务器,龙腾服务器采用了“龙芯一号”CPU,采用了曙光公司和中国科学院计算技术研究所联合研发的服务器专用主板,采用曙光 Linux 操作系统,该服务器是国内第一台完全实现自有产权的产品,在国防、安全等部门发挥了重大作用。

2003 年,百万亿次数据处理超级服务器曙光 4000L 通过国家验收,再一次刷新国产超级服务器的历史纪录,使得国产高性能产业再上新台阶。2004 年上半年推出速度达每秒浮点运算 10 000 亿次的曙光 4000L 超级服务器,如图 1-4 所示。

图 1-4　曙光 4000L 超级服务器

全球超级计算机 500 强榜单始于 1993 年,每半年发布一次,是给全球已安装的超级计算机排座次的知名榜单。

2010 年,国防科技大学研制的“天河一号”在第三十六届超级计算机 500 强榜单上名列第一。

2013 年,国防科技大学研制的“天河二号”以计算速度达每秒 3.386 亿亿次双精度浮点运算的优异性能位居榜首。

2015 年 10 月 16 日,全球超级计算机 500 强榜单在美国公布,“天河二号”超级计算机以每秒 3.386 亿亿次连续第六次夺冠,如图 1-5 所示。

2016 年 6 月 20 日,新一期全球超级计算机 500 强榜单公布,使用中国自主芯片制造的“神威·太湖之光”取代“天河二号”登上榜首。

图 1-5　天河超级计算机

综观多年来我国高性能通用计算机的研制历程,从 103 机到曙光机,走过了一段不平凡的历程。总的来讲,国内外标志性计算机推出的时间略有出入,其中国外的代表性机器为 ENIAC、IBM 7090、IBM 360、CRAY-1、Intel Paragon、IBM SP-2,国内的代表性计算机为 103、109 乙、150、银河-Ⅰ、曙光 1000、曙光 4000、天河一号、天河二号、神威·太湖之光等。

1.1.3　计算机的分类

计算机科学技术的发展日新月异,计算机已成为一个庞大的家族。因此计算机的种类很多,从不同角度对计算机有不同的分类方法。

1. 按计算机处理数据的方式分类

按计算机处理数据的方式可以分为数字计算机和模拟计算机两类。

1）数字计算机

数字计算机处理的是非连续变化的数据,这些数据在时间上是离散的,输入是数字量,输出也是数字量,如职工号、年龄、工资数据等。基本运算部件是数字逻辑电路,因此其运算精度高、通用性强。

2）模拟计算机

模拟计算机处理和显示的是连续的物理量,所有的数据用连续变化的模拟信号来表示,其基本运算部件是由运算放大器构成的各类运算电路。模拟信号在时间上是连续的,通常称为模拟量,如电压、电流、温度都是模拟量。一般来说,模拟计算机不如数字计算机精确,通用性不强,但解题速度快,主要用于过程控制和模拟仿真。

2. 按计算机的用途分类

按计算机的用途可分为通用计算机和专用计算机两种。

1）通用计算机

通用计算机是为了能够解决各种问题,具有较强的通用性而设计的计算机。它具有一定的运算速度,有一定的存储容量,带有通用的外围设备,配置各种系统软件和应用软件。一般的数字电子计算机多属于通用计算机。

2）专用计算机

专用计算机是为了解决一个或一类特定问题而设计的计算机。它的硬件和软件的配置依据解决特定问题的需要而定,并不求全。专用功能单一,配有解决特定问题的固定程序,能高速、可靠地解决特定问题。一般在过程控制中使用专用计算机。

3. 按计算机的规模和处理能力分类

1）巨型计算机

巨型计算机又称超级计算机，它是所有计算机类型中价格最高、功能最强的一种计算机，其浮点运算速度已达到每秒万亿次。这种计算机主要用于复杂、尖端的科学计算和军事等专用领域。由国防科技大学研制的"银河"和国家智能中心研制的"曙光"都属于这类机器。

2）大中型计算机

大中型计算机是指通用性好、外部设备负载能力强、处理速度快的一类机器。运算速度为每秒 3 亿～7.5 亿条指令，字长为 32 位或 64 位，主存容量在几百兆字节至 1GB。它有完善的指令系统、丰富的外部设备和功能齐全的软件系统，并允许多个用户同时使用。这类机器主要用于科学计算、数据处理或作为网络服务器。

3）小型计算机

小型计算机具有规模较小、结构简单、成本较低、操作简单、易于维护和与外部设备连接容易等特点，是在 20 世纪 60 年代中期发展起来的一类计算机。当时微型计算机还未出现，因而得以广泛推广应用。20 世纪 70 年代出现小型计算机热，到 20 世纪 80 年代其市场份额已超过了大型计算机。当时在我国许多科研院所都配置了 16 位的 PDP-11 和 VAX-11 系列。

4）微型计算机

微型计算机是以运算器和控制器为核心，加上由大规模集成电路制作的存储器、输入/输出接口和系统总线构成的体积小、结构紧凑、价格低但又具有一定功能的计算机。它是 20 世纪 70 年代出现的新机种，以其设计先进、软件丰富、功能齐全、价格便宜等优势而拥有广大的用户，因而大大推动了计算机的普及应用。

5）工作站

工作站是一种高档微型计算机系统。它是为了某种特殊用途而将高性能的计算机系统、输入/输出设备与专用软件结合在一起的系统。例如，图形工作站一般包括主机、数字化仪、扫描仪、鼠标器、图形显示器、绘图仪和图形处理软件等。它具有较高的运算速度，具有大型计算机或小型计算机的多任务、多用户能力，且具有微型计算机的操作便利和良好的人机界面，因此在工程领域特别是计算机辅助设计领域得到迅速应用。典型产品为美国 Sun 系列工作站。

6）服务器

服务器是在网络环境下为多用户提供服务的共享设备，一般分为文件服务器、打印服务器、计算服务器和通信服务器等。该设备连接在网络上，网络用户在通信软件的支持下远程登录，共享各种服务。

目前，微型计算机与工作站、小型计算机乃至中、大型计算机之间的界限已经越来越模糊。无论哪一种分类方法，各类计算机之间的主要区别是运算速度、存储容量和机器体积等。

1.1.4　计算机的应用领域

计算机的应用已经渗透到社会的各个领域，归纳起来，可以分为以下几方面。

1. 科学计算

计算机的最早应用是在科学计算方面。世界上第一台电子计算机就是用于研制原子弹而制造的。在解决科学实验和工程技术中所提出的数学问题，以及物理、化学、生物、材料等领域的数据测算方面，计算机的作用非常显著，在航天技术中卫星轨道的计算更是离不开计算机。

我们每天收看到的天气预报,也是用计算机对大量的数据进行快速计算处理,并经巨型计算机计算所获得的计算结果。

2. 信息处理

信息处理主要是指非数值形式的数据处理。计算机信息处理在社会和经济发展中的作用越来越为人们所重视。信息处理包括对数据资料的收集、存储、加工、分类、排序、检索和发布等一系列工作。计算机信息处理包括办公自动化(OA)、企业管理、情报检索、报刊编排处理等。计算机数据处理的特点是信息处理及时、数据量大、处理速度快,并能给出各种形式的输出格式。目前计算机应用已深入到经济、金融、保险、商业、教育、档案、公安、法律、行政管理、医疗、社会普查等各个方面。计算机在科学计算、信息处理、过程控制三大应用中,其中的80%左右应用于信息处理。

3. 过程控制

在科学技术、军事领域、工业、农业以至于我们的日常生活等各个领域都应用到过程控制。用于过程控制的计算机,先将模拟信息如压力、速度、电压、温度等量转换成数字量,然后再由计算机进行处理。计算机处理后输出的数字量结果经转换后,变成模拟量再去控制对象。过程控制一般都是实时控制,有时对计算机运算速度的要求不高,但要求可靠高、响应及时,这样才能保证被控制对象的准确动作。

4. 计算机辅助系统

计算机辅助系统有计算机辅助教学(CAI)、计算机辅助设计(CAD)、计算机辅助制造(CAM)、计算机辅助测试(CAT)、计算机集成制造(CIM)等系统。

计算机辅助教学是指利用计算机进行教授、学习的教学系统,将教学内容、教学方法和学习情况等存储在计算机中,使学生能够直观地从中看到并学习所需要的知识。

计算机辅助设计是指利用计算机来帮助设计人员进行设计工作。用辅助设计软件对产品进行设计,如飞机、汽车、船舶、机械、电子、土木建筑和大规模集成电路等机械、电子类产品的设计。计算机辅助设计系统除配有必要的 CAD 软件外,还应配备图形输入设备(如数字化仪)和图形输出设备(如绘图仪)等。设计人员可借助这些专用软件和输入/输出设备把设计要求或方案输入计算机进行生产设备的管理、控制与操作,从而提高产品质量,降低成本,缩短生产周期,并且还大大改善制造人员的工作条件。

计算机辅助测试是指利用计算机来进行自动化的测试工作。

在产品制造中许多生产环节都采用自动化生产作业,但每一环节的优化技术不一定就是整体的生产最佳化,计算机集成制造系统(CIMS)就是将技术上的各个单项信息处理和制造企业管理信息系统集成在一起,将产品生命周期中所有有关功能,包括设计、制造、管理、市场等的信息处理全部予以集成形成的系统。其关键是建立统一的全局产品数据模型和数据管理及共享机制,以保证正确的信息在正确的时刻以正确的方式传到所需的地方。CIMS 的进一步发展方向是支持"并行工程",即力图使那些为产品生命周期单个阶段服务的专家尽早地并行工作,从而使全局优化并缩短产品的开发周期。

5. 多媒体技术

多媒体技术是一种基于计算机的综合技术,包括数字化信息的处理技术、音频和视频技术、计算机硬件和软件技术、人工智能和模式识别技术、通信和图像技术等,是一门跨学科的综合技术。

多媒体技术的发展始于 20 世纪 80 年代。从 1987 年 Macintosh 公司制作成能处理多媒体信息的计算机开始,随着大容量光盘的制作发展,解决了媒体信息的存储问题。到 1990 年

11 月,Microsoft、Philips 等 14 家厂商为多媒体技术的建立制定了统一的标准。1991 年,第六届国际多媒体和 CD-ROM 大会上宣布了多媒体个人计算机(Multimedia Personal Computer, MPC)的第一个标准。1993 年推出了 MPC 的第二个标准,确定将第一个标准中的音频信号数字化时的采样量化标准提高到 16 位,之后信息压缩技术得到不断发展。

应用计算机技术将文字、图像、图形、声音等信息以数字化的方式进行综合处理,从而使计算机具有表现、处理、存储各种媒体信息的能力,这样的计算机称为多媒体计算机。目前多媒体计算机技术的应用领域正在不断拓宽,除了知识学习、电子图书、商业和家庭应用外,在远程医疗、视频会议中都得到了广泛的应用。

多媒体的关键技术标准——数据压缩标准也已制定。静态图像压缩标准 JPEG(Joint Photographic Experts Group)成为 ISO/IEC 的 I0918 标准。1994 年 11 月,动态图像压缩标准 MPEG-1(Motion Picture Experts Group)成为国际标准,经过扩充和完善后,形成 MPEG-2 标准。MPEG 标准主要有五个,在 MPEG-1、MPEG-2 之后,又有 MPEG-4、MPEG-7 及 MPEG-21 等。MPEG-4 标准主要应用于视像电话、视像电子邮件等。MPEG-7 标准是一种多媒体内容描述的标准,这些标准不仅在视频和音频压缩领域有所突破,还为数字媒体的内容描述、交互和管理提供了技术支持。

6. 计算机通信

计算机通信是计算机应用中近几年发展最为迅速的一个领域。它是计算机技术与通信技术结合的产物,计算机网络技术的发展将处在不同地域的计算机用通信线路连接起来,配以相应的软件,达到资源共享的目的。

目前,世界各国都特别重视计算机通信的应用。多媒体技术的发展,给计算机通信注入了新的内容,使计算机通信由单纯的文字数据通信扩展到音频、视频图像的通信。Internet 的迅速普及,使诸如远程会议、远程医疗、远程教育、网上理财、网上商业等网上通信活动进入了人们的生活。

7. 人工智能

1950 年,图灵写道:"我相信在本世纪末,某人说起机器能够思考没有人会反对。"图灵提出了机器智能的"测试"方法,图灵测试者如果不能分辨出计算机和人,那么这台计算机就像人一样具有智能。行为和人类一样具有智能的计算机必须被认为是具有智能的,并且一定能够思考。设计能够通过图灵测试的计算机逐渐发展成为一个研究领域,即人工智能(AI)。人工智能指能够像人类一样解决问题和执行任务的计算机的能力,是研究解释和模拟人类智能、智能行为及其规律的一门学科。其主要任务是建立智能信息处理理论,进而设计可以展现某些近似于人类智能行为的计算系统。人工智能是计算机科学的一个分支,也为某些相关学科如心理学等所关注。人工智能学科包括知识工程、机器学习、模式识别、自然语言处理、智能机器人和神经计算等多方面的研究。AI 研究人员已经制造出可以移动和操作机械手、对人类语言做出反应、诊断疾病、把文档从一种语言转换成其他语言、具有极高水平的下棋能力,以及能够学习新任务的计算机。然而,到目前为止,尚无计算机能够通过图灵测试。

1.1.5　计算机的发展趋势

计算机技术是世界上发展最快的科学技术之一,未来的计算机将向巨型化、微型化、网络化、智能化、多媒体化的方向发展。

1. 巨型化

巨型化是指发展高速的、大存储量和强功能的巨型计算机。巨型计算机主要应用于天文、气象、地质和核反应、航天飞机、卫星轨道计算等尖端科学技术领域,研制巨型计算机的技术水平是衡量一个国家科学技术和工业发展水平的重要标志。因此,工业发达国家都十分重视巨型计算机的研制。目前运算速度为每秒几百亿次到上千亿次数的巨型计算机已经投入运行,并正在研制更高速度的巨型计算机。

2. 微型化

微型化是指利用微电子技术和超大规模集成电路技术,把计算机的体积进一步缩小,价格进一步降低,计算机的微型化已成为计算机发展的重要方向。专用微型机已经大量应用于仪器、仪表和家用电器中,通用微型机已经大量进入办公室和家庭,但人们需要体积更小、更轻便、易于携带的微型机,以便出门在外或在旅途中均可使用计算机。应运而生的便携式微型(笔记本型)和掌上型微型机的大量面世和使用,是计算机微小化的一个标志。

3. 网络化

所谓计算机网络化,是指用现代通信技术和计算机技术把分布在不同地点的计算机互联起来,组成一个规模更大、功能更强的可以互相通信的网络结构。网络化的目的是使网络中的软、硬件和数据等资源,能被网络上的用户共享,使计算机的实际效用进一步提高。计算机联网不再是可有可无的事,而是计算机应用中一个很重要的部分。人们常用的因特网(Internet,也译为国际互联网)就是一个通过通信线路连接、覆盖全球的计算机网络。通过因特网,人们足不出户就可获取大量的信息,与世界各地的亲友快捷通信,进行网上贸易等等。计算机网络化是计算机发展的又一个趋势。从单机走向联网,是计算机应用发展的必然结果。当前发展很快的微机局域网正在现代企事业管理中发挥越来越重要的作用,计算机网络是信息社会的重要技术基础。

4. 智能化

计算机智能化是指使计算机具有模拟人的感觉和思维过程的能力,即使计算机成为智能计算机。目前的计算机已经能够部分地代替人的脑力劳动,因此也常称为“电脑”。但是人们希望计算机具有更多的类似人的智能,如能听懂人类的语言、能识别图形、会自行学习等,这也是目前正在研制的新一代计算机要实现的目标。智能化的研究包括模拟识别、物形分析、自然语言的生成和理解、博弈、定理自动证明、自动程序设计、专家系统、学习系统和智能机器人等。目前,已研制出各种具有人的部分智能的“机器人”,可以代替人在一些危险的工作岗位上工作。

5. 多媒体化

多媒体技术是当前计算机领域中最引人注目的高新技术之一,它将多种信息联系在一起,集成为一个系统,并具有交互性。多媒体计算机将真正改善人机界面,使计算机朝着人类接受和处理信息的最自然的方向发展。

近年来,通过进一步的深入研究,发现由于电子电路的局限性,理论上电子计算机的发展也有一定的局限,因此人们正在研制不使用集成电路的计算机,未来的计算机将与各种新技术结合,从而开创出更多新的科学领域。量子计算机是一种利用量子力学原理来处理信息的机器,它利用量子比特来表示信息,并使用量子纠缠等技术实现复杂的量子算法。与光电子学相结合,人们正在研究光子计算机;与生物科学相结合,人们正在研究用生物材料进行运算的生物计算机以及用意识驱动的计算机等。

微处理器技术的发展推动了计算机的更新换代,今后计算机的发展将出现微型机和超大型机的两极分化现象。多媒体技术和计算机网络也将得到更快的发展。

1.2　计算机系统的组成

　　一个完整的计算机系统包括硬件系统和软件系统两部分。计算机硬件系统是指组成一台计算机的全部物理设备，是计算机工作的基础。计算机软件系统是指使计算机工作的各种程序的集合，它是控制和操作计算机工作的核心。程序是由硬件执行的，硬件是基础，软件是灵魂与中枢，没有软件的硬件是不能做任何事情的。

　　在计算机技术的发展过程中，硬件的发展为软件提供了良好的环境，而软件的发展又对硬件系统提出了新的要求，促进了硬件的发展，两者相辅相成，互相依赖。性能再好的计算机如果没有软件的配合，也无用武之地。计算机系统的基本组成如图 1-6 所示。

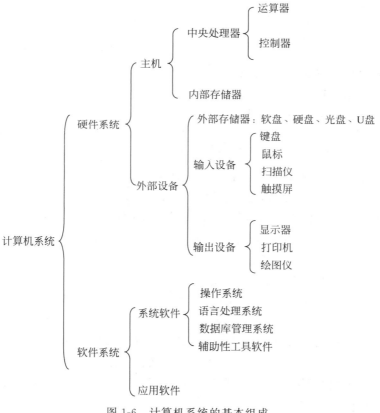

图 1-6　计算机系统的基本组成

1.2.1　计算机硬件系统

　　计算机硬件的基本结构是以运算器为中心的存储程序模型，即冯·诺依曼机结构。它是以二进制和存储程序控制为核心的通用电子数字计算机体系结构，明确规定了计算机由运算器、控制器、存储器、输入和输出设备五大部件组成。这五大部件之间的关系如图 1-7 所示。

　　计算机工作时，由控制器控制，先将数据由输入设备传送到存储器中存储，由控制器将要参加运算的数据送往运算器处理，运算器处理的结果再送回存储器，最后由输出设备输出。

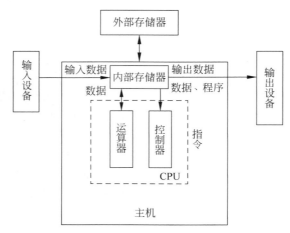

图 1-7　计算机硬件系统结构图

1. 运算器

运算器是对数据进行加工处理的核心部件。它在控制器的操纵下与内存交换信息,负责进行各类基本的算术运算、逻辑运算、比较运算、移位运算和逻辑判断等。此外,在运算器中还含有能暂时存放数据或结果的寄存器。

2. 控制器

控制器是整个计算机的控制中心。其功能是生成指令地址、取出指令和分析指令,以及向各个部件发出一系列有序的操作控制命令,以实现指令的功能。控制器把运算器、存储器和输入/输出设备组成一个有机的系统,根据程序中的指令序列有条不紊地指挥计算机工作,实现程序预定的任务。计算机的工作过程可以概括如下:在控制器的指挥下,取出指令、分析指令、执行指令,再取出下一条指令,然后依次周而复始地执行指令序列,从而完成整个程序的功能。

控制器与运算器一起组成了计算机的核心部件,称为中央处理单元(Central Processing Unit,CPU),如图 1-7 中虚线框所示。计算机中的各种控制和运算都由 CPU 来完成。

3. 存储器

计算机的重要特点之一就是具有存储能力,这是它能自动连续执行程序、进行庞大的信息处理的重要基础。存储器的主要功能是存放程序和数据。使用时,可以从存储器中取出信息,不破坏原有的内容,这种操作称为存储器的读操作;也可以把信息写入存储器,原来的内容就被抹掉,这种操作称为存储器的写操作。

内存空间由存储单元组成,每个存储单元存放 8 位二进制数,称为 1 字节。内存的全部存储单元按一定的顺序编号,这种编号就称为存储单元地址。存储单元的数量称为存储容量。内存容量可用兆字节(MB)来衡量。

存储器通常分为内部存储器和外部存储器两种。

内部存储器简称内存,它是计算机中信息交流的中心。用户通过输入设备输入的程序和数据首先送入内存,控制器执行的指令和运算器处理的数据取自内存,运算的中间结果和最终结果保存在内存中,输出设备输出的信息来自内存,内存中的信息如果要长期保存,则应送到外部存储器中。总之,内存要与计算机的各个部件打交道,进行数据交换。因此内存的存取速度直接影响计算机的运算速度。

内存主要分为两类:随机读写存储器(Random Access Memory,RAM)和只读存储器

（Read Only Memory,ROM）。随机读写存储器的任何一个存储单元的内容都可以随机存取，而且存取时间与存储单元的物理位置无关,关机后其存储的信息丢失,计算机系统中的大部分主存都采用这种随机存储器。只读存储器是只能对其存储的内容读出,而不能对其重新写入的存储器。通常用它存放固定不变的程序、常数和字库等。它与随机读写存储器共同作为内存的一部分,统一构成内存的地址域。

外部存储器简称外存,主要用来长期存放暂时不用的程序和数据。通常外存不与计算机的其他部件直接交换数据,只与内存交换数据,而且不是按单个数据存取,而是成批地进行数据交换。常用的外存有软盘、硬盘、光盘和 U 盘等。

外存与内存有许多不同之处,一是外存在断电后仍然保存信息,而内存则信息丢失；二是外存容量大,而内存容量相对较小。但是外存读写速度慢,而内存读写速度快。

4．输入设备

输入设备用来接收用户输入的原始数据和程序,并将它们转换为机器内部所能识别的二进制信息形式存放在内存中。常用的输入设备有键盘、鼠标、扫描仪、触摸屏、光笔和麦克风等。

5．输出设备

输出设备将计算机处理的结果以人们所能接收和识别的形式表示出来。常用的输出设备有显示器、打印机、绘图仪和音箱等。

通常把运算器、控制器和内部存储器一起称为主机,而其余的输入设备、输出设备和外部存储器合称为外部设备。

1.2.2　计算机软件系统

软件是指系统中实现数据信息处理的程序以及开发、使用和维护程序所需的有关文档的集合。没有任何软件的计算机硬件称为裸机。一个性能优良的计算机硬件系统,能否发挥其应有的功能,很大程度上取决于所配置的软件是否完善和丰富。软件不仅提高了计算机的效率,扩展了硬件的功能,也方便了用户的使用。

软件一般可分为系统软件和应用软件两大类。

1．系统软件

系统软件通常负责管理、控制和维护计算机的各种软硬件资源,并为用户提供一个友好的操作界面和工作平台。常见的系统软件包括操作系统、语言处理系统、数据库管理系统和辅助性工具软件等。

1）操作系统

操作系统是软件的核心,它直接管理和控制计算机的一切硬件和软件资源,使它们能有效地配合,自动协调地工作。目前常用的操作系统有 DOS、Windows、UNIX、Linux 等。

2）语言处理系统

计算机语言是人们设计的专用于人与计算机交流、能够被计算机自动识别的语言。人们利用计算机语言编写程序,将要做事情的步骤和算法描述出来。将这种程序输入到计算机中,经过适当的处理,计算机就能按照事先的要求和各种条件自动地计算出人们希望得到的结果。常用的计算机语言有 C、Visual Basic、C++、Java 等。

3）数据库管理系统

数据库管理系统是集中存储和管理结构化数据并支持多用户共享数据的软件系统,是各类管理系统的基础。数据库主要用于各种数据的管理,如学生学籍管理、人事管理、财务管理、销售管理、图书资料管理、各类数据汇总等。常用的数据库管理系统有 Microsoft SQL Server、Access、My SQL、Oracle 等。

4）辅助性工具软件

辅助性工具软件是维护计算机系统正常工作的软件。为了检测计算机系统的故障,需要各种故障诊断程序;为了测试计算机系统的性能,需要各种性能测试程序;为了输入和修改原程序和数据,需要各种编辑程序;为了检测和清除计算机病毒,需要各种病毒检测与杀毒程序。常用的辅助性软件有磁盘清理程序、磁盘扫描程序、磁盘碎片整理程序等。

2. 应用软件

应用软件是专业人员为各种应用目的而开发的应用程序,常见的应用软件有办公自动化软件、专业软件、科学计算软件包、游戏软件等。

计算机系统是硬件和软件有机结合的整体。计算机的某些功能,既可由硬件实现,也可由软件来完成。

1.3　数制转换与运算

在计算机中,数字和符号都是用电子元件的不同状态表示的,即以电信号表示。人们习惯于采用十进制,而计算机内部则采用二进制数据和信息。在编程中经常使用十进制,有时为了方便还使用八进制或十六进制。

1.3.1　进位计数制

按进位的原则进行计数,称为进位计数制,简称"数制"。在日常生活中经常要用到数制,通常以十进制进行计数。除了十进制计数以外,还有许多非十进制的计数方法。例如,60 秒为 1 分钟,用的是六十进制计数法;一天有 24 小时,是二十四进制计数法;1 年有 12 个月,是十二进制计数法。当然,在生活中还有许多其他各种各样的进制计数法,在计算机系统中采用二进制,其主要原因是由于使用二进制可以使电路设计简单、运算简单、工作可靠和逻辑性强等。不论是哪一种数制,数值的表示都包含两个基本要素:基数和各位的"位权"。

1. 基数

基数是指各种进位计数制中允许选用的基本数码的个数。例如,十进制的数码有 0、1、2、3、4、5、6、7、8、9 这 10 个数,这个 10 就是数字字符的总个数,也是十进制的基数,表示"逢十进一"。

2. 位权表示法

表示数制大小的符号与它在数中所处的位置有关。例如,十进制数 386.12,数字 3 位于百位上,它代表 $3 \times 10^2 = 300$,即 3 所处的位置具有 10^2 权;8 位于十位上,它代表 $8 \times 10^1 = 80$,即 8 所处的位置具有 10^1 权;其余类推,6 代表 $6 \times 10^0 = 6$,而 1 位于小数点后第一位,代表 $1 \times 10^{-1} = 0.1$,最低位 2 位于小数点后第二位,代表 $2 \times 10^{-2} = 0.02$,如此等等。

位权是指一个数字在某个位置上所代表的值,处在不同位置上的数字符号所代表的值不同,每个数字的位置决定了它的值或者位权。而位权与基数的关系是:各进位制中位权的值是基数的乘幂。因此,用任何一种数制表示的数都可以写成按位权展开的多项式之和。例如,十进制数 218.16 可以表示为

$$(218.16)_{10} = 2 \times 10^2 + 1 \times 10^1 + 8 \times 10^0 + 1 \times 10^{-1} + 6 \times 10^{-2}$$

位权表示的原则是数字的总个数等于基数;每个数字都要乘以基数的幂次,而该幂次是由每个数所在的位置决定的。排列方式是以小数点为界,整数自右向左依次为 0 次方、1 次

方、2 次方、……小数自左向右依次为－1 次方、－2 次方、－3 次方、……

1.3.2 常用的数制

1. 十进制

十进制是用 0、1、2、3、4、5、6、7、8、9 这 10 个数码表示数值,采用"逢十进一"计数原则的进位计数制。因此十进制数的基数为 10,十进制数中处于不同位置上的数字代表不同的值,与它对应的位权有关,十进制数的位权为 10^i,其中 i 代表数字在十进制数中的序号。

例如,十进制数 179.214 可表示为

$$(179.214)_{10} = 1 \times 10^2 + 7 \times 10^1 + 9 \times 10^0 + 2 \times 10^{-1} + 1 \times 10^{-2} + 4 \times 10^{-3}$$

一般地,任意一个 n 位整数和 m 位小数的十进制数 D 可表示为

$$D = d_{n-1} \times 10^{n-1} + d_{n-2} \times 10^{n-2} + \cdots + d_0 \times 10^0 + d_{-1} \times 10^{-1} + \cdots + d_{-m} \times 10^{-m}$$

其中,m、n 为正整数。

2. 二进制

与十进制相似,二进制是用 0 和 1 表示数值,采用"逢二进一"计数原则的进位计数制。因此二进制数的基数为 2,二进制数中处于不同位置上的数字代表不同的值,每一个数字的位权由 2 的乘幂决定,即 2^i,其中 i 代表数字在二进制数中的序号。

例如,二进制数 10101.11 可表示为

$$(10101.11)_2 = 1 \times 2^4 + 0 \times 2^3 + 1 \times 2^2 + 0 \times 2^1 + 1 \times 2^0 + 1 \times 2^{-1} + 1 \times 2^{-2}$$

一般地,任意一个 n 位整数和 m 位小数的二进制数 B 可表示为

$$B = b_{n-1} \times 2^{n-1} + b_{n-2} \times 2^{n-2} + \cdots + b_0 \times 2^0 + b_{-1} \times 2^{-1} + \cdots + b_{-m} \times 2^{-m}$$

其中,m、n 为正整数。

3. 八进制

八进制是用 0、1、2、3、4、5、6、7 这 8 个数码表示数值,采用"逢八进一"计数原则的进位计数制。因此八进制数的基数为 8,八进制数中处于不同位置上的数字代表不同的值,每一个数字的位权由 8 的乘幂决定,即 8^i,其中 i 代表数字在八进制数中的序号。

例如,八进制数 127.35 可表示为

$$(127.65)_8 = 1 \times 8^2 + 2 \times 8^1 + 7 \times 8^0 + 6 \times 8^{-1} + 5 \times 8^{-2}$$

一般地,任意一个 n 位整数和 m 位小数的八进制数 Q 可表示为

$$Q = q_{n-1} \times 8^{n-1} + q_{n-2} \times 8^{n-2} + \cdots + q_0 \times 8^0 + q_{-1} \times 8^{-1} + \cdots + q_{-m} \times 8^{-m}$$

其中,m、n 为正整数。

4. 十六进制

十六进制是用 0、1、2、3、4、5、6、7、8、9、A、B、C、D、E、F 这 16 个数码表示数值,采用"逢十六进一"计数原则的进位计数制。因此十六进制数的基数为 16,十六进制数中处于不同位置上的数字代表不同的值,每一个数字的位权由 16 的乘幂决定,即 16^i,其中 i 代表数字在十六进制数中的序号。

例如,十六进制数 3AB.1F 可表示为

$$(3AB.1F)_{16} = 3 \times 16^2 + A \times 16^1 + B \times 16^0 + 1 \times 16^{-1} + F \times 16^{-2}$$

一般地,任意一个 n 位整数和 m 位小数的十六进制数 H 可表示为

$$H = h_{n-1} \times 16^{n-1} + h_{n-2} \times 16^{n-2} + \cdots + h_0 \times 16^0 + h_{-1} \times 16^{-1} + \cdots + h_{-m} \times 16^{-m}$$

其中,m、n 为正整数。

1.3.3 不同进制数之间的转换与运算

1. 十进制数与二进制数的互换

计算机内部使用二进制数,但人们习惯使用十进制数,要把它输入到计算机中参加运算,必须将其转换成为二进制数。当要把计算机运算的结果输出时,又要把二进制数转换为十进制数来显示或打印。这种不同进制之间的相互转换过程在计算机内部频繁地进行着。计算机中有专门的程序自动完成这些转换工作,但仍有必要了解数制转换的基本步骤。

1) 十进制数转换成二进制数

十进制数有整数和小数两部分,转换时分别进行。

整数部分采用"除2取余法",即把被转换的十进制整数反复地除以2,直到商为0,所得的余数(从末位读起)就是这个十进制数的二进制表示。

小数部分采用"乘2取整法",即把十进制小数转换为二进制小数,需要将十进制小数连续乘以2,选取进位整数,剩下的小数部分继续乘以2,直到满足精度要求为止。

整数部分和小数部分转换完成后,通过小数点将转换后的二进制连接起来即可。

例 1-1 将十进制数 73 转换成二进制数。

解 对 73 用除 2 取余法:

```
2 │ 73            取余数
   2 │ 36         ……1  a₀    ↑ 低
      2 │ 18      ……0  a₁
         2 │ 9    ……0  a₂
            2 │ 4 ……1  a₃
               2 │ 2 ……0  a₄
                  2 │ 1 ……0  a₅
                     0  ……1  a₆   │ 高
```

结果为

$$(73)_{10} = (a_6 a_5 a_4 a_3 a_2 a_1 a_0)_2 = (1001001)_2$$

例 1-2 将十进制小数 0.625 转换成二进制数。

解 对 0.625 用乘 2 取整法:

```
        0.625       取整数      │ 高
    ×      2
        1.250     ……1    a₋₁
    ×      2
        0.500     ……0    a₋₂
    ×      2
        1.000     ……1    a₋₃   ↓ 低
```

结果为

$$(0.625)_{10} = (0.a_{-1} a_{-2} a_{-3})_2 = (0.101)_2$$

例 1-3 将十进制数 115.875 转换成二进制数。

解 对 115 用除 2 取余法,对 0.875 用乘 2 取整法。

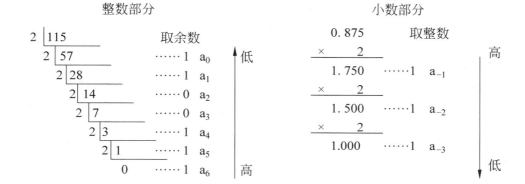

结果为

$$(115.875)_{10} = (a_6 a_5 a_4 a_3 a_2 a_1 a_0 . a_{-1} a_{-2} a_{-3})_2 = (1110011.111)_2$$

2）二进制数转换为十进制数

这种转换比较简单，只要将待转换的二进制数按权展开，然后相加即可得到相应的十进制数。

例 1-4 将二进制数 101.11 转换成十进制数。

$$(101.11)_2 = 1 \times 2^2 + 0 \times 2^1 + 1 \times 2^0 + 1 \times 2^{-1} + 1 \times 2^{-2} = (5.75)_{10}$$

将其他进制数转换为十进制数的方法，与二进制数转换为十进制数的算法完全一样，不同之处是需要考虑具体的进制基数。

2．二进制数与八进制数的互换

二进制数与八进制数之间的转换十分简单，它们之间的对应关系是：八进制数的每 1 位对应二进制数的 3 位，如表 1-2 所示。

表 1-2 八进制数与二进制数的对应关系

八 进 制 数	二 进 制 数	八 进 制 数	二 进 制 数
0	000	4	100
1	001	5	101
2	010	6	110
3	011	7	111

因为二进制数的基数是 2，八进制的基数是 8。又由于 $2^3 = 8$，可见 3 位二进制数对应于 1 位八进制数，所以二进制数与八进制数的互换是非常简便的。

1）二进制数转换成八进制数

二进制数转换成八进制数可以概括为"三位合并为一位"，即以小数点为基准，整数部分从右到左，每 3 位为一组，最高有效位不足 3 位时，添 0 补足 3 位；小数部分从左到右，每 3 位为一组，最低有效位不足 3 位时，添 0 补足 3 位。然后将各组的 3 位二进制数按权展开后相加，得到 1 位八进制数，再按权的顺序连接起来即得到相应八进制数。

例 1-5 将二进制数 10110111.01101 转换为八进制数。

$$(010,110,111.011,010)_2 = (267.32)_8$$
$$\quad 2 \quad\quad 6 \quad\quad 7. \quad 3 \quad\quad 2$$

2）八进制数转换成二进制数

八进制数转换成二进制数可以概括为"一位拆为三位"，即将 1 位八进制数写成对应 3 位二进制数，然后再按权的顺序连接起来即得到相应的二进制数。

例 1-6　将八进制数 123.56 转换为二进制数。

$$(1 \quad 2 \quad 3 \quad . \quad 5 \quad 6)_8 = (1\ 010\ 011.101\ 11)_2$$

001,010,011.101,110

3．二进制数与十六进制数的互换

二进制数与十六进制数之间的转换也比较简单，它们之间的对应关系是：十六进制数的每 1 位对应二进制数的 4 位。十进制数、十六进制数与二进制数的对应关系如表 1-3 所示。

表 1-3　十进制数、十六进制数与二进制数的对应关系

十 进 制 数	十六进制数	二 进 制 数	十 进 制 数	十六进制数	二 进 制 数
0	0	0000	8	8	1000
1	1	0001	9	9	1001
2	2	0010	10	A	1010
3	3	0011	11	B	1011
4	4	0100	12	C	1100
5	5	0101	13	D	1101
6	6	0110	14	E	1110
7	7	0111	15	F	1111

二进制数与十六进制数之间，也存在着类似于二进制数与八进制数之间的关系。由于 $2^4 = 16$，可见 4 位二进制数对应于 1 位十六进制数。

1）二进制数转换成十六进制数

二进制数转换成十六进制数可以概括为"四位合并为一位"，即以小数点为基准，整数部分从右到左，每 4 位为一组，最高有效位不足 4 位时，添 0 补足 4 位；小数部分从左到右，每 4 位为一组，最低有效位不足 4 位时，添 0 补足 4 位。然后将每组的 4 位二进制数按权展开后相加，得到 1 位十六进制数，再按权的顺序连接起来即得到相应十六进制数。

例 1-7　将 $(110110111.01101)_2$ 转换为十六进制数。

$$(0001,1011,0111.0110,1000)_2 = (1B7.68)_{16}$$

1　B　7　.　6　8

2）十六进制数转换成二进制数

十六进制数转换成二进制数可以概括为"一位拆为四位"，即将 1 位十六进制数写成对应的 4 位二进制数，然后再按权的顺序连接起来即得到相应的二进制数。

例 1-8　将 $(1F3.5B)_{16}$ 转换为二进制数。

$$(1F3.5B)_{16} = (1\ 1111\ 0011.0101\ 1011)_2$$

0001,1111,0011.0101,1011

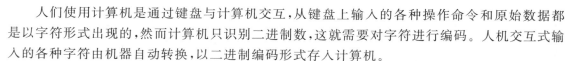

1.4　数据在计算机中的表示

人们使用计算机是通过键盘与计算机交互，从键盘上输入的各种操作命令和原始数据都是以字符形式出现的，然而计算机只识别二进制数，这就需要对字符进行编码。人机交互式输入的各种字符由机器自动转换，以二进制编码形式存入计算机。

现实世界的信息具有多种多样的形式，如数值、文字、声音、图像等。但是在计算机内部，CPU 只能识别由 0、1 组成的数据，因此输入到计算机中的各种数据，都是用二进制数进行编码的。不同类型的字符数据其编码方式是不同的，编码的方法也很多。下面介绍最常用的

ASCII 码和汉字编码。

1. ASCII 码

ASCII 码是由美国国家标准委员会制定的一种包括数字、字母、通用符号、控制符号在内的字符编码,全称为美国国家信息交换标准代码(America Standard Code for Information Interchange,ASCII)。

ASCII 码能表示 128 种国际上通用的西文字符,只需用 7 个二进制位表示,可记为 $b_6 b_5 b_4 b_3 b_2 b_1 b_0$。ASCII 码采用 7 位二进制数表示一个字符时,为了便于对字符进行检索,把 7 位二进制数分为高 3 位($b_6 b_5 b_4$)和低 4 位($b_3 b_2 b_1 b_0$)。7 位 ASCII 码编码如表 1-4 所示,利用该表可以查找数字、运算符、标点符号,以及控制字符与 ASCII 码之间的对应关系。例如,大写字母 A 的 ASCII 码为 1000001,即十进制数的 65;小写 a 的 ASCII 码为 1100001,即十进制数的 97。

表 1-4　7 位 ASCII 码编码表

$b_3 b_2 b_1 b_0$	$b_6 b_5 b_4$							
	000	001	010	011	100	101	110	111
0000	NUL	DLE	SP	0	@	P	、	p
0001	SOH	DC1	!	1	A	Q	a	q
0010	STX	DC2	"	2	B	R	b	r
0011	ETX	DC3	#	3	C	S	c	s
0100	EOT	DC4	$	4	D	T	d	t
0101	ENQ	NAK	%	5	E	U	e	u
0110	ACK	SYN	&	6	F	V	f	v
0111	BEL	ETB	'	7	G	W	g	w
1000	BS	CAN	(	8	H	X	h	x
1001	HT	EM	)	9	I	Y	i	y
1010	LF	SUB	*	:	J	Z	j	z
1011	VT	ESC	+	;	K	[	k	{
1100	FF	FS	,	<	L	\	l	|
1101	CR	GS	—	=	M	]	m	}
1110	SO	RS	.	>	N	↑	n	~
1111	SI	US	/	?	O	←	o	DEL

在 ASCII 码表中,第 0~32 号及 127 号为控制字符,共 34 个,主要包括换行、回车等功能字符;第 33~126 号为字符,共 94 个,其中第 48~57 号为 10 个数字符号 0~9,第 65~90 号为 26 个英文大写字母,第 97~122 号为 26 个英文小写字母,其余为一些标点符号、运算符号等。

为了使用方便,在计算机的存储单元中,一个 ASCII 码值占 1 字节,即 8 个二进制位,可记为 $b_7 b_6 b_5 b_4 b_3 b_2 b_1 b_0$,其最高位 b_7 用作奇偶校验位,$b_6 b_5 b_4 b_3 b_2 b_1 b_0$ 为编码位。所谓奇偶校验,是指在代码传送过程中用来检验是否出现错误的一种方法,一般分奇校验和偶校验两种。奇校验规定,正确的代码 1 字节中 1 的个数必须是奇数,若非奇数,则在最高位 b_7 添 1 来满足;偶校验规定,正确的代码 1 字节中 1 的个数必须是偶数,若非偶数,则在最高位 b_7 添 1 来满足。

2. 汉字编码

计算机在处理汉字信息时也要将其转化为二进制代码,因此也需要对汉字进行编码。汉字与西文字符比较起来,汉字数量大、字形复杂、同音字多,因此汉字编码就不能像字符编码一样,字符在计算机系统中的输入、内部处理、存储和输出过程中使用同一代码。为了在计算机系统的各个环节中方便、确切地表示汉字,需要对汉字进行多种编码,如汉字输入码、机内码、交换码、字形码和地址码等。计算机的汉字信息处理系统在处理汉字时,不同环节使用不同的编码,并根据不同的处理层次和不同的处理要求,进行代码转换。汉字信息处理过程如图 1-8 所示。

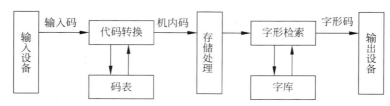

图 1-8　汉字信息处理过程

1）国标码

计算机处理汉字所用的编码标准是我国于 1980 年颁布的国家标准 GB2312-80,即《中华人民共和国国家标准信息交换汉字编码字符集》,简称国标码。国标码的主要用途是作为汉字信息交换码使用。

国标码与 ASCII 码属于同一制式,可以认为它是扩展的 ASCII 码。在 7 位 ASCII 码中可以表示 128 个信息,其中字符代码有 94 个。国标码是以 94 个字符代码为基础,其中任何两个代码组成一个汉字交换码,即 2 字节表示一个汉字字符。第一字节称为区,第二字节称为位。这样,该字符集共有 94 个区,每个区有 94 个位。

在国标码表中,共收录了一、二级汉字 6763 个和图形符号 682 个。其中一级汉字 3755 个,按汉语拼音字母顺序排列,为常用汉字,分布在 16～55 区;二级汉字 3008 个,按偏旁部首排列,为非常用汉字,分布在 56～87 区;字母、数字和符号 682 个,分布在 1～15 区;88 区以后为空白区,以待扩展。

国标码本身也是一种汉字输入码,由区号和位号共 4 位十进制数组成,通常称为区位码输入法。在区位码中,两位区号在高位,两位位号在低位。区位码可以唯一确定一个汉字或字符,反之任何一个汉字或字符都对应唯一的区位码。例如,汉字"中"位于第 54 区 48 位,区位码为 5448。

区位码最大的特点就是无重码,而且输入码和内部编码的转换比较方便,但是每个编码都是等长的数字串,代码难以记忆。

2）输入码

输入码是为输入汉字而设计的代码,简称外码。由于汉字的输入设备、编码的方法不尽相同,所以输入法也不一样。按输入设备的不同,可分为键盘输入、手写输入和语言输入三大类。目前应用最广泛的是键盘输入法。根据编码原理的不同,键盘输入码分为拼音码和字形码等。

拼音码是以汉语拼音为基础的输入方法,如全拼、微软拼音输入法和智能 ABC 等。这种输入法的优点是简单易学,几乎不需要专门训练就可以掌握。缺点是重码多、输入速度慢、对于不认识的汉字无法输入。

字形码是以汉字的形状确定的编码,如广泛使用的五笔字型输入法等。它的优点是输入速度快、见字识码、对不认识的字也能输入。缺点是比较难掌握,需专门学习,无法输入不会写的字。

3）汉字机内码

汉字机内码是指计算机中表示一个汉字的编码,是计算机系统内部进行汉字存储、加工处理和传输统一使用的二进制代码,简称内码。正是由于内码的存在,输入汉字时,才允许用户根据自己的习惯使用不同的汉字输入码,如拼音、五笔字型和区位码等,进入系统后再统一转换成机内码存储。国标码也属于一种机器内部编码,其主要用途是将不同的系统使用的不同编码统一转换成国标码,使不同系统之间的汉字信息进行相互交换。

机内码一般都采用变形的国标码。变形的国标码是国标码的另一种表示形式,即将每字节的最高位置 1。这种形式避免了国标码与 ASCII 码的二义性,通过最高位来区别 ASCII 码字符还是汉字字符。

4）汉字字形码

汉字字形码是指汉字字库中存储的汉字字形的数字化信息码。它主要用于汉字输出时产生汉字字形。点阵字形码是以点阵方式表示汉字,就是将汉字分解成由若干个点组成,将此点阵字形置于网状方格上,每一小方格就是点阵中的一个点。以 16×16 点阵为例,网状横向划分为 16 格,纵向也分成 16 格,点阵中的每个点可以有黑、白两种颜色,有字形笔画的点用黑色,反之用白色,用这样的点阵就可以描写出汉字的字形。图 1-9 所示为汉字"印"的字形点阵。

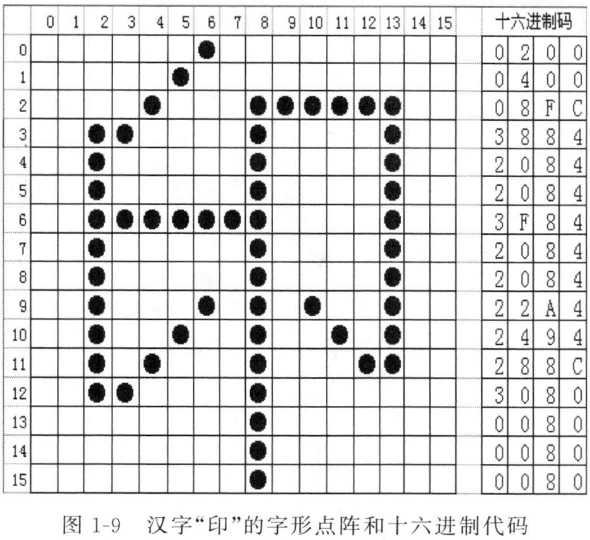

图 1-9　汉字"印"的字形点阵和十六进制代码

根据汉字输出精度的要求,有不同密度的点阵。汉字字形点阵有 16×16 点阵、24×24 点阵、32×32 点阵。汉字字形点阵中每个点的信息用 1 位二进制码表示,1 表示对应位置处是黑点,0 表示对应位置处是空白。

字形点阵的信息量很大,所占存储空间也很大。例如,16×16 点阵,每个汉字要占 32 字节;24×24 点阵,每个汉字要占 72 字节。因此,字形点阵只用来构成字库,而不能用来代替内码用于机内存储。字库中存储了每个汉字的字形点阵代码,不同的字体对应不同的字库。在输出汉字时,计算机首先要到字库中找到它的字形描述信息,然后才能输出字形。

5）汉字地址码

汉字地址码是指汉字字形码在汉字字库中存放位置的代码,即字形信息的地址。需要输出汉字时,必须通过地址码,才能在汉字库中取到所需要的字形码,最终在输出设备上形成可见的汉字字形。因为汉字地址码一般是连续有序的,并且与汉字内码之间有着简单的换算关系,所以容易实现两者之间的转换。

3. 数据的存储单位

数据必须首先在计算机内表示,然后才能被计算机处理。计算机表示数据的部件主要是存储设备,而存储数据的具体单位是存储单元。

1）位

位(bit)是计算机存储数据的最小单位。一个二进制位只能表示 $2^1=2$ 种状态,要想表示更多的数据,就需要把多个位组合起来作为一个整体,每增加一位,所能表示的信息量就增加一倍。例如,ASCII 码用 7 位二进制组合编码,能表示 $2^7=128$ 个不同的字符,如果用 8 位二进制编码,就可以表示 $2^8=256$ 个不同的字符。

2）字节

字节(Byte)是数据处理的基本单位,简记 B。计算机中的信息是以字节为单位进行存储和解释的。1 字节由 8 个二进制位组成,即 1B=8bit。这 8 位二进制数用于表示各种各样的字符。例如,英文字母"A"为 01000001,"＊"为 00101010 等。一个汉字在计算机存储器中占用 2 字节,是西文字符的两倍。

存储器的容量常用的度量单位有 KB、MB、GB、TB。它们的关系如下:
$1KB=2^{10}B=1024B,1MB=2^{10}KB=1024KB,1GB=2^{10}MB=1024MB,1TB=2^{10}GB=1024GB$
位与字节是有区别的,位是计算机中最小的数据单位,字节是计算机中基本的信息单位。

3）字

计算机处理数据时,CPU 通过数据总线一次存取、加工和传送的数据的长度称为字(Word)。一个字通常由 1 字节或若干字节组成。由于字长是计算机一次所能处理的实际位数长度,所以字长是衡量计算机性能的一个重要标志,字长越大,性能越强。

1.5 微型计算机系统组成

一个完整的微型计算机系统是由硬件系统和软件系统两大部分组成的。图 1-10 给出了微型计算机硬件系统的基本结构。

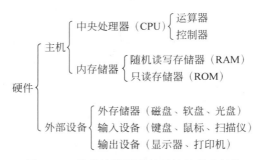

图 1-10 微型计算机硬件系统的基本结构

计算机硬件的基本功能是在控制器的控制下实现数据的输入、运算、数据输出等一系列操作。虽然计算机的制造从计算机出现到今天已经发生了巨大的变化,但在基本的硬件结构方面,一直沿袭着冯·诺依曼的传统框架,即计算机硬件系统由控制器、运算器、存储器、输入设备、输出设备五大基本部件构成。原始数据和程序通过输入设备送入存储器,在运算处理过程中,数据从存储器读入运算器进行运算,运算的结果存入存储器,必要时再经输出设备输出。指令也以数据形式存于存储器中,运算时指令由存储器送入控制器,由控制器控制各个部件工作。

主机是安装在一个主机箱内的所有部件的统一体,是微型计算机系统的核心,主要由CPU、内存、输入/输出设备接口、总线和扩展槽等构成,通常被封装在主机箱内,制成一块印制电路板,称为主机板,简称主板。

1.5.1　主板

主板是微型计算机的主体。主板上布满了各种电子元件、插槽、接口等,如图1-11所示。

内存条

CPU插座

电池

芯片组

PCI扩展槽

AGP扩展槽

图1-11　微型计算机主板

主板为CPU、内存和各种功能卡提供安装插座;为各种存储设备、I/O设备、多媒体和通信设备提供接口。计算机正常运行时对系统内存、存储设备和其他I/O设备的控制都必须通过主板来完成,因此计算机整体运行的速度和稳定性取决于主板的性能。不同的板型通常要求不同的主机箱与之相匹配。目前常见的主板结构规范主要有AT、ATX、LPX等。它们之间的差别主要有尺寸、形状、元器件的放置和电源供应器等。

主板主要由以下部件组成。

1. CPU插座

CPU插座用于固定连接CPU芯片。由于集成化程度和制造工艺的不断提高,越来越多的功能被集成到CPU上。由于CPU的功率较大,所以工作时会产生非常高的热量。为了保证它正常工作,必须配置高性能的专用风扇降温。为了使CPU安装更加方便,现在CPU插座基本上采用零插槽式设计。

2. 芯片组

芯片组是主板的灵魂,由一组超大规模集成电路芯片构成,决定了主板的性能和价格。芯片组控制和协调整个计算机系统的正常运转和各个部件的选型,它被固定在主板上,不能像CPU、内存等进行简单的升级换代。

芯片组的作用是在BIOS和操作系统的控制下,按照统一规定的技术标准和规范为计算机中的CPU、内存、显卡等部件建立可靠的安装、运行环境,为各种接口的外部设备提供可靠的连接。

3. 内存插槽

随着内存扩展板的标准化,在主板上预留了内存专用插槽,只要购买与主板插槽匹配的内存条,就可以"即插即用",实现扩展内存的目的。

4. 总线扩展槽

主板上有一系列的扩展槽,用来连接各种功能插卡。用户可以根据自己的需要在扩展槽上插入各种用途的插卡,如显示卡、网卡等,以扩展微型计算机的各种功能。任何插卡插入扩展槽后,就可以通过系统总线与 CPU 连接,在操作系统的支持下实现即插即用。这种开放的体系结构为用户组合各种功能设备提供了方便。

5. 输入/输出接口

微型计算机接口的作用是使微型计算机的主机系统能与外部设备、网络和其他的用户系统进行有效的连接,以便进行数据和信息的交换。例如,键盘采用串行方式与主机交换信息,打印机采用并行方式与主机交换信息。

1.5.2　中央处理器

微型计算机中的中央处理器(CPU)称为微处理器(MPU),是一个超大规模集成电路,是计算机系统的核心。CPU 的主要功能是按照程序给出的指令序列分析指令、执行指令,完成对数据的加工处理。计算机所发生的全部动作都是在 CPU 的控制之下完成的。

CPU 由控制器与运算器组成。控制器用来协调和指挥整个计算机系统的操作,本身不具有运算功能,而是通过读取各种指令,并对其进行翻译、分析,然后对各部件做出相应的控制。运算器主要完成算术运算和逻辑运算,是对信息加工和处理的部件。

CPU 性能的高低直接决定了一个微型计算机系统的档次,而 CPU 的主要技术特性可以反映出 CPU 的基本性能。

1. CPU 的主要性能指标

(1) 时钟频率:主频是 CPU 的时钟频率,它是 CPU 运算时的工作频率,它在很大程度上决定了计算机的运行速度。CPU 执行指令的速度与系统时钟有直接关系,频率越快,CPU 速度越快。主频的度量标准为 Hz、MHz、GHz,Intel 公司的微处理器 Pentium 4 的主频可达到 3.8GHz。

(2) 字长:字长是指 CPU 一次所能同时处理的二进制数据的位数。可同时处理的数据位数越多,CPU 的档次就越高,它的功能就越强,工作效率也越快,其内部结构也就越复杂。

(3) 制造工艺:CPU 的制造工艺是指在硅材料上生产 CPU 时内部之间的连接线宽度,一般用微米来表示,其值越小,制造工艺越先进,晶体管的集成度越高。Intel 公司的 Pentium CPU 的制造工艺是 $0.35\mu m$,Pentium 4 已经达到了 $0.09\mu m$ 的制造工艺。2007 年 9 月,Intel 公司对外展示了第一款 $0.032\mu m$ 制成的集成电路芯片,并在 2009 年推出了 $0.032\mu m$ 制成的商业性微处理器。2023 年 6 月,英特尔公司宣布了其最新的芯片制造技术——18A 工艺,该工艺将于 2024 年下半年开始量产,并于 2025 年推出至少 5 款处理器产品。18A 工艺是英特尔的一项重大突破,它相当于竞争对手的 1.8nm 工艺。

2. CPU 的主要厂商

(1) Intel 公司:Intel 公司创建于 1968 年,创下了令人瞩目的辉煌成就,是 CPU 的最主要生产厂家。1971 年 Intel 公司推出全球第一个微处理器。1981 年 IBM 采用 Intel 生产的 8088 微处理器推出全球第一台 IBM PC。1984 年,Intel 入选全美 100 家最值得投资的公司,1992 年成为全球最大的半导体集成电路厂商,1994 年其营业额达到了 118 亿美元,在 CPU 市场大约占据了 80% 份额。Intel 领导着 CPU 的世界潮流,从 286、386、Pentium 4 到 Core i5、Core i7、Core i9,它始终推动着微处理器的更新换代,其中,Core i9 是英特尔主流桌面 CPU 中的顶级产品。Intel 的 CPU 不仅性能出色,而且在稳定性、功耗方面都十分理想。

(2) AMD 公司:AMD 创建于 1969 年,总公司设在美国硅谷。AMD 是集成电路供应商,专为计算机、通信和电子消费类市场供应各种芯片产品,其中包括用于通信和网络设备的微处理器、闪存等。AMD 是唯一能与 Intel 竞争的 CPU 生产厂家,AMD 公司的产品现在已经形成了以 Athlon XP 及 Duron 为核心的一系列产品。AMD 公司认为,由于在 CPU 核心架构方面的优势,同主频的 AMD 处理器比 Intel 处理器具有更好的整体性能,AMD 产品的性价比更高。

（3）其他厂商：除了两大主要 CPU 生产厂商以外,Cyrix、IBM、Apple、Motorola 等公司也研制生产微处理器芯片,并且在性价比上各有所长。

1.5.3　存储器

存储器是计算机的记忆和存储部件,用来存放信息。完成各种功能的程序和数据都存放在存储器里,存储器的工作速度相对 CPU 的速度要低得多,因此存储器的工作速度是制约计算机运算速度的主要因素之一。目前计算机的存储系统由各种不同的存储器组成。通常由内存储器、外存储器组成。

1. 内存储器

内存储器用于存储系统运行时必要的数据和运行过程中出现的临时数据,它容量小,存取速度快。内存储器直接与运算器、控制器联系。内存储器按功能和应用的不同分为以下几种。

1）随机读写存储器（Random Access Memory,RAM）

RAM 主要存放运行过程中的程序、数据和中间结果等,其内容可以随时根据需要读出,也可以随时重新写入新的信息。它的特点是一旦断电,存储在其中的数据会全部丢失,而在下次启动时又会装入新的数据,上次的数据不会恢复。内存条就是将 RAM 集成块集中在一起的一小块电路板,它插在计算机主板的内存插槽上,如图 1-12 所示。

图 1-12　内存条

2）只读存储器（Read Only Memory,ROM）

ROM 是一种只能读出而不能写入的存储器,其存储的信息在制作该存储器时就被写入,断电后存储在其中的内容不会丢失。ROM 通常用来存放一些管理程序、监控程序、检测程序和其他一些常用数据。

3）高速缓冲存储器（Cache）

随着微型计算机 CPU 速度的不断提高,RAM 的速度越来越难以满足高速 CPU 的要求,在一般情况下读写内存均需要加入等待时间,这对 CPU 来讲是一种极大的浪费,解决的办法就是采用 Cache 技术。

Cache 是位于 CPU 和主存之间,存储容量小,但速度快的存储器。Cache 中保存着主存储器一部分信息的备份。当 CPU 读写数据时,首先访问 Cache,由于 Cache 的速度（几纳秒）与 CPU 相当,CPU 就能在零等待状态下,实现快速数据存取。只有当 Cache 中不含有 CPU 所需的数据时,CPU 才去访问主存。因此可以把 Cache 看成是 CPU 与主存之间的缓冲器,负责完成 CPU 和主存之间的速度匹配,减少 CPU 的等待时间。

在生产工艺上,把 Cache 集成到 CPU 芯片内,成为片内 Cache 或一级 Cache（L1）,一级 Cache 的存储容量相对较小（8～32KB）,一级 Cache 对系统效率有一定的提高。由于一级

Cache 存储容量小,人们在 CPU 芯片之外又加上一级 Cache,成为片外一级 Cache,又称为二级 Cache(L2)。实际上,二级 Cache 才是 CPU 与主存之间的缓冲器,二级 Cache 的容量一般在 256KB 和 512KB 之间,是一级 Cache 容量的几十倍。如果没有两级 Cache,就不可能达到 CPU 的设计速度。

2. 外存储器

外存储器是内存储器的延伸,其主要作用是长期保存计算机工作所需要的系统文件、应用程序、用户程序、文档和数据等,简称外存。当 CPU 需要执行某部分程序时,由外存调入内存以供 CPU 访问,可见外存的作用是扩大了存储系统的容量。在微型计算机中,常用的外存有硬盘、光盘和闪存等。

图 1-13　硬盘及其内部结构示意图

1）硬盘

硬盘是涂有磁性材料的磁盘片组成的盘片组,一般被固定在主机箱内,用于存放数据。根据容量,一个机械转轴上串有若干硬盘片,每个硬盘片的上下两面各有一个读写磁头,用于对磁盘的读写,如图 1-13 所示。硬盘的存储格式与软盘类似,但硬盘的容量要大得多,存取信息的速度也快得多。目前微型计算机上所配置的硬盘容量主要有 320GB、500GB 和 1TB 等。硬盘在第一次使用时,必须首先进行格式化。

衡量硬盘的常用指标有容量、转速、硬盘自带的高速缓存 Cache 的容量等。容量越大,存储的信息量越多;转速越高,存取信息的速度越快;Cache 越大,计算机整体速度越快。目前普通硬盘的转速为每分钟 7200 转,硬盘 Cache 一般为 8～32MB。

2）光盘

光盘的存储介质不同于磁盘,它属于另一类存储器,主要利用激光原理存储和读取信息。光盘片用塑料制成,塑料中间加入了一层薄而平整的铝膜,通过铝膜上极细微的凹坑记录信息,小凹坑和平面分别代表二进制数据的 1 和 0。光盘是存储信息的介质,按用途可分为只读型光盘、可写一次型光盘和可重写型光盘三种。

（1）只读型光盘也称 CD-ROM(Compact Disk-Read Only Memory),由生产厂家预先写入数据,用户不能修改,这种光盘主要用于存储文献和不需要修改的信息。

（2）可写一次型光盘也称 CD-R(Compact Disk-Recordable),可以由用户写入信息,但只能写一次,写后将永久保存在盘上,不可修改。

（3）可重写型光盘也称 CD-RW,它可由用户写入信息,也可对已经记录的信息进行擦除和修改,就像磁盘一样可反复读写。可重写型光盘的材料与只读型光盘有很大的不同,是磁光材料。目前微型计算机常用的是 CD-ROM。

由于光盘的容量大、可靠性高、数据可长期保存等特点,光盘的应用越来越广泛。一张 4.72 英寸 CD-ROM 的容量可达 650MB。CD-ROM 驱动器是大容量的数据存储设备,又是高品质的音源设备,是最基本的多媒体设备。

3）闪存

闪存是一种微型高容量存储产品,它采用闪速存储器作为存储介质,俗称闪存、U 盘。它通过 USB 接口与主机相连,可以像使用硬盘一样在其上读写和传送文件,如图 1-14 所示。

U盘是一种电可擦除可编程的只读存储器。目前的U盘产品可擦写次数都在100万次以上,数据至少可以保存10年,而存取速度比软盘快15倍以上。其容量单位可以是MB或GB,目前U盘的容量可达到30GB以上。U盘的可靠性远高于磁盘,因此对数据安全性提供了更好的保障。U盘工作时不需要外接电源,可热插拔,体积小,便于携带,因此普及很快,深受广大计算机使用者的青睐。

图 1-14　U 盘

4)固态硬盘(Solid State Drive,SSD)

固态硬盘是由控制单元和固态存储单元组成的硬盘,采用闪存作为存储介质,从技术层面上看,它是闪存的集成,即可以看成是一个大容量的U盘。存储单元负责存储数据,控制单元负责读取、写入数据。固态硬盘如图1-15所示。

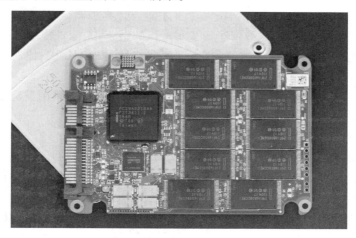

图 1-15　固态硬盘

传统硬盘通过磁头读写磁盘,对于存放在不同区域的文件,有寻道时间。固态硬盘不用磁头,几乎没有寻道时间,因此固态硬盘的读写速度比机械硬盘更快。另外,固态硬盘内部没有任何机械装置,不再需要配备电动机(马达)和风扇,所以工作时也没有噪声;而且由于内部不存在磁头等任何机械活动部件,所以,不会发生机械故障,安全可靠,抗震性能极强。固态硬盘比同样容量的机械硬盘体积小、质量轻。因此,固态硬盘能广泛应用于军事、车载、工业、医疗、航空等领域。当然,固态硬盘也有缺点,如固态硬盘采用的是闪存技术,与机械硬盘的磁盘相比,它们在寿命方面存在一定的局限性。虽然现在的固态硬盘对这个问题进行了改进,但是它们仍然比机械硬盘更容易发生损坏。长时间的连续的读写操作,有可能使得闪存快速老化,导致固态硬盘寿命大大缩短。

1.5.4　输入设备

输入设备是指可以将程序、语音、音响、文字资料和数值数据等送入计算机进行处理的设备。微型计算机上使用的输入设备有键盘、鼠标、光笔、扫描仪等,常用的输入设备是键盘和鼠标。

1. 键盘

键盘通过键盘电缆线与主机相连。键盘可分为打字机键区、功能键区、全屏幕编辑键区、控制键区和小键盘区 5 个区,各区的作用有所不同。

1）打字机键区

打字机键区是键盘操作的主要区域,也是主要操作对象。包括 26 个英文字母,0～9 十个数字,各种标点符号、运算符号关系符号等。

2）功能键区

功能键区位于键盘最上面的一排,包括 F1～F12 共 12 个键,在不同的软件下具有不同的功能,由软件设计者定义。

3）全屏幕编辑键区

全屏幕编辑键区的键是为了方便使用者在全屏幕范围内操作使用,全屏幕编辑键区的键表示一种操作,如光标的上下移动、插入和删除等。

4）控制键区

控制键大多数时候是与其他键配合使用的。控制键常用的功能有以下几种。

(1) Enter:回车键。键盘输入后,按回车键才能被计算机确认,否则,所输入的字符仅显示在屏幕上。在文字编辑环境下,按回车键表示一段的结束,光标将转到下一段的开始。

(2) Shift:换挡键。键盘大多数键为上、下两个符号,按 Shift 键,同时按某双符号键,将输入上挡符号,若字母键由 Shift 控制,将产生大写字母。

(3) ↑、↓、←、→:光标上、下、左、右移动键。通过它们使光标在屏幕上移动,是文本编辑中最常用的键。

(4) BackSpace:退格键。该键每按一次,删除光标前面的一个字符。

(5) Tab:制表定位键。每按一次 Tab 键,光标移动到下一个制表位,制表位的宽度可由用户定义,默认是 8 个字符宽度,一般用来输入具有表格形式的文本。

(6) NumLock:数字锁定键。键盘右侧的副键区,也安排了数字键,一般是安排在上挡位,当键盘右上方的 NumLock 灯亮时,副键盘锁定为数字。因这几个键位比较顺手,对常与数字输入打交道的操作员很方便。可用 NumLock 控制 NumLock 键灯发亮,从而锁定在数字输入状态。

(7) PrintScreen:屏幕复制键。利用该键可将屏幕或窗口信息复制到剪贴板上,并以文件形式存储。该键对抓取屏幕图形很有用。

(8) Ctrl:控制键。一般与其他键配合使用,如 Ctrl＋Alt＋Del,实现计算机的热启动。

(9) Alt:该键一般也是与其他键配合使用,如 DOS 下的汉字输入法的转换就是使用该键与功能键的不同组合实现各种输入法的转换。

(10) Esc:撤销键。该键很多时候用于脱离一种状态而返回到上一种状态。

(11) CapsLock:大写字母锁定键。该键控制键盘右上方的 CapsLock 灯的亮与灭,实现字母键大小写功能的转换。该键在汉字输入状态下,希望输入西文字母时很有用,用户不需要为中西文混合输入反复切换输入法。

5）小键盘区

小键盘区位于键盘右侧,包括数字键和常用的运算符号键,这些按键主要用于键入数字和运算符号。

2. 鼠标

鼠标是一种手持式屏幕坐标定位设备。在图形界面中大多数操作都可用鼠标来完成。鼠标是一种相对定位设备,不受平面上移动范围的限制。它的具体位置也和屏幕上光标的绝对位置没有对应关系。

根据鼠标测量位移部件的类型,可分为机械式鼠标和光电式鼠标两种。

1）机械式鼠标

机械式鼠标的底座有一个可以滚动的圆球,当鼠标器在平面上移动时,圆球与平面发生摩擦使球转动,圆球与四个方向的定位器接触,可测得上、下、左、右4个方向的相对位移量,用以控制屏幕上光标的移动。机械式鼠标价格便宜、易于维护,但其寿命短、定位不准确。

2）光电式鼠标

光电式鼠标的底部装有红外线发射和接收装置,当鼠标器在特定的反射板上移动时,发出的光被反射板反射后被接收,并转换成移位信号,该移位信号送入计算机,使屏幕上的光标随之移动。目前,鼠标厂商已对传统的光电式鼠标进行了改进,推出了不需要特制反射板的新型光电鼠标,可以在除了玻璃以外的任何平面上使用。光电式鼠标价格较高,但定位准确、寿命长,基本不需要拆开维护,只需注意保持感光板清洁即可。

3）鼠标的基本操作

鼠标可以方便、准确地移动光标进行定位,它是一般窗口软件和绘图软件的首选设备。当使用鼠标的软件系统启动后,在计算机的显示屏幕上就会出现一个"指针"光标。其形状一般为一个箭头。

鼠标的最基本操作有移动、单击、双击和拖动等。

(1)移动。在移动鼠标时,屏幕上的指针光标将做同方向的移动,并且鼠标在工作台面上的移动距离与指针光标在屏幕上的移动距离成一定的比例。

(2)单击。单击包括单击左键和单击右键。一般所说的单击是指单击左键,就是用食指按一下鼠标左键,马上松开,可用于选择某个对象。单击右键就是用中指按一下鼠标右键马上松开,用于弹出快捷菜单。

(3)双击。双击就是连续快速地按鼠标左键两下,用于执行某个操作。

(4)拖动。是指按住鼠标左键不放,移动鼠标到所需的位置,用于将选中的对象移动到所需的位置。

1.5.5　输出设备

输出设备的主要作用是把计算机处理的数据、计算结果等内部信息转换成人们习惯接收的信息形式输出,常见的输出设备有显示器、打印机和绘图仪等。

1. 显示器

显示器是计算机的主要输出设备,用来将系统信息、计算机处理结果、用户程序和文档等信息显示在屏幕上。

1）显示器的分类

显示器有多种类型和多种规格。按结构分有 CRT 显示器和 LCD 显示器两种。CRT(Cathode Ray Tube)显示器,即阴极射线管显示器,它的显示系统和电视机类似,是采用电子枪产生图像的显示器,主要部件是显像管(电子枪)。显像管的屏幕上涂有一层银光粉,电子枪发射的电子打在屏幕上,使被击打位置的荧光粉发光,从而产生图像。每一个发光点又由红、绿、蓝3个小发光点组成,一个小发光点称为1像素。电子束分为3条,它们分别射向屏幕上3个不同的发光小点,从而在屏幕上出现绚丽多彩的画面。LCD(Liquid Crystal Display)显示器,即液晶显示器,它具有体积小、质量轻、只要求低压直流电源便可工作等特点,在微型计算机上使用越来越多。

　　显示器按分辨率可分为中分辨率显示器和高分辨率显示器。中分辨率为 320×200,即屏幕垂直方向上有 320 根扫描线,水平方向上有 200 个点。高分辨率为 800×600、1024×768、1280×1024 等。分辨率是显示器的一个重要指标,显示器的分辨率越高图像就越清晰。

2）显示卡

　　显示器与主机相连必须配置适当的显示适配器,即显示卡。显示卡主要用于主机与显示器数据格式的转换,是体现计算机显示效果的必备设备,它不仅把显示器与主机连接起来,而且还起到处理图形数据、加速图形显示等作用。显示卡插在主板的扩展槽上。

2. 打印机

　　打印机是计算机最基本的输出设备之一,与显示器的区别是将信息输出到纸上。打印机种类繁多,工作原理和性能各异。一般分为针式打印机、喷墨打印机和激光打印机。

　　(1) 针式打印机打印的字符或图形以点阵的形式构成,是由打印机上打印头中的钢针通过色带打印在纸上。针式打印机在打印过程中噪声较大、分辨率低、打印图形效果差。

　　(2) 喷墨打印机是使墨水从细小的喷嘴中喷出,在强电场的作用下形成高速墨水粒子,喷在纸上,形成点阵字符或图像。其特点是价格低、体积小、无噪声、打印质量高,但喷头容易堵塞,使用成本比针式打印机高。

　　(3) 激光打印机是激光技术和照相技术的复合产物。它采用电子照相技术,该技术利用激光束扫描光鼓,通过控制激光束的开关,使感光硒鼓有选择地吸附墨粉,然后由感光硒鼓再把吸附的墨粉转印到纸上形成文字或图形。其特点是打印速度快、质量高,但成本也高。

思考与练习

一、选择题

1. 电子数字计算机技术在半个世纪中有很大进步,但至今仍遵循一位科学家提出的基本原理,他就是_____。

    A. 爱因斯坦　　　　B. 冯·诺依曼　　　　C. 莫奇利　　　　D. 牛顿

2. 世界上第一台电子计算机的名字是_____。

    A. EDVAC　　　　B. EDSAC　　　　C. ENIAC　　　　D. EDAMD

3. 计算机中数据的表示形式是_____。

    A. 八进制　　　　B. 十进制　　　　C. 二进制　　　　D. 十六进制

4. 断电后存储器中存储的数据将会丢失的是_____。

    A. RAM　　　　B. ROM　　　　C. 硬盘　　　　D. 软盘

5. 电子数字计算机最重要的特征是_____。

    A. 速度快　　　　　　　　　　　B. 记忆力强

    C. 存储程序和自动控制执行　　　　D. 精度高

6. 汉字 48×48 点阵中,每个字模信息占用的存储字节数应为_____。

    A. 128B　　　　B. 288B　　　　C. 640B　　　　D. 576B

7. 在存储一个汉字内码的 2 字节中,每字节的最高位分别是_____。

    A. 1 和 1　　　　B. 0 和 1　　　　C. 0 和 0　　　　D. 1 和 0

8. 二进制数 10011 转换成十进制数是_____。

    A. 128　　　　B. 19　　　　C. 17　　　　D. 11

9. 英文字母 A 的 ASCII 码的十六进制数表示为 41H,那么英文字母 G 的 ASCII 码的十六进制数表示应为_____。

    A. 47H   B. 50H   C. 71H   D. 任意数

10. 下列字符中,ASCII 码值最小的是_____。

    A. E   B. a   C. h   D. 8

11. 一个完整的计算机系统应包括_____。

    A. 主机和外部设备   B. 运算器、控制器和存储器

    C. 硬件系统和软件系统   D. 主机和适应程序

12. 在计算机存储器中,1 字节可保存_____。

    A. 一个汉字   B. 一个 ASCII 码表中的字符

    C. 一个英文句子   D. 0 和 256 之间的一个整数

二、简答题

1. 计算机的发展经历了哪几个时代？各时代的特点是什么？

2. 计算机是如何进行分类的？

3. 简述电子计算机发展的 5 个阶段,说明每个阶段各有何特点。

4. 系统软件分为哪几类？分别说明各包括哪些软件。

5. 简述微型计算机由哪几个部分组成,分别说明各部件的作用。

6. 将 $(618)_{10}$ 分别转换成对应的二进制数、八进制数和十六进制数。

7. 如何计算汉字在内存中占用的空间数？一个 16×24 点阵的汉字占多少字节？

8. 如何使用 ASCII 表？已知字母 B 的 ASCII 码值为 66,那么字母 K 的 ASCII 码值是多少？

9. 简述计算机主要应用在哪些领域。

第 2 章

Windows 10操作系统

操作系统是计算机最重要的系统软件,它负责管理和控制计算机中所有的硬件与软件资源,为用户提供友好的操作界面。任何一台计算机都必须配备一种或多种操作系统,所有的应用程序都必须在操作系统的调度下才能完成相应的工作任务。Windows 系统自出现以来经过不断的升级和更新,逐渐成为全球最流行的操作系统。本章将介绍操作系统及 Windows 10 的相关知识及使用。

2.1 操作系统概述

2.1.1 操作系统简介

操作系统(Operation System,OS)控制和管理整个计算机系统的硬件(CPU、内存、硬盘等资源)和软件资源,并合理地组织和调度计算机的工作和资源的分配,以提供给用户和其他软件方便的接口和环境。操作系统与软硬件的关系如图 2-1 所示。

图 2-1　操作系统与软硬件的关系

从图 2-1 中可以看出用户可以直接和操作系统进行交互,也可通过应用软件与操作系统进行交互。首先,操作系统作为系统资源的管理者,提供文件管理、存储器管理、处理机管理和设备管理的功能。其次,操作系统是用户与计算机硬件之间的接口,操作系统提供了用户接口(命令接口和程序接口)和图形用户接口(Graphical User Interface,GUI)。最后,操作系统是最接近硬件的层次。

1. 操作系统的特征

操作系统对程序的执行进行控制，还能使用户方便地使用硬件提供的功能，也使硬件的功能发挥得更好。操作系统具有并发性、共享性、虚拟性和异步性等四大基本特征。

1）并发性

并发性是指两个或者多个事件在同一时刻发生。这些事件在宏观上是同时发生的，在微观上是交替发生的。

一个单核处理机（CPU）同一时刻只能执行一个程序，因此操作系统会负责协调多个程序交替执行（这些程序从微观上看是交替执行的，但是从宏观上看是多个程序同时执行的）。当今的计算机一般都是多核CPU，如4核，但是操作系统的并发性依然必不可少，绝大数人使用计算机会运行4个以上的程序。

2）共享性

共享性是指系统中的资源可供内存中多个并发执行的进程共同使用，分为互斥共享方式和同时共享方式。

（1）互斥共享方式：系统中的某些资源，虽然可以提供给多个进程使用，但是一个时间段内，只允许一个进程访问，如QQ和微信都支持视频聊天，但是不能同时开启QQ和微信进行视频聊天。

（2）同时共享方式：系统中的某些资源，允许一个时间段内，多个进程"同时"对该资源进行访问，如同时传输文件A和文件B，从宏观上看，A、B文件是同时传输的，但是从微观上看，两个传输进程都是交替访问磁盘的。

并发和共享的关系，两个进程正在并发地执行（并发性），需要共享地访问硬盘资源（共享性）。如上面传输文件的例子，QQ发送文件A，微信发送文件B：如果失去并发性，则系统只有一个进程在运行，那么共享性就没有意义；如果失去共享性，则QQ和微信不能同时访问硬盘资源，就无法同时发送文件，即不能并发。

3）虚拟性

虚拟性是指一个物理上的实体变为若干个逻辑上的对应物，物理实体是实际存在的，而逻辑上的是用户感受到的。

一个程序若要执行，需将它放到内存中并分配CPU，假如一台单核计算机，在运行一个游戏的同时进行微信聊天，并听音乐，这些程序加起来的内存可能大于本机内存，那为什么它们还是可以运行呢？

这是因为虚拟存储器技术，虽然计算机是单核CPU，但在用户看来是N个CPU在运行。微观角度，处理机是在各个微小的时间段内交替着为各个进程服务。

4）异步性

异步性是指多道程序环境下，运行多个程序并发执行，但是由于资源有限，进程的执行并不是一贯到底的，而是走走停停，以不可预知的速度向前推进，这就是进程的异步性。只有系统用户并发性，才有可能导致异步性。

2. 操作系统管理资源兼顾效率与公平

计算机操作系统具有处理机管理、存储管理、文件管理、设备管理和用户接口等五个主要功能，根据用户需求，按照一定的策略和算法来分配和调度资源。计算机操作系统要在尽可能公平的基础上，提高计算机硬件资源，尤其是CPU和内存的利用效率，也就是让利用率最大化。例如，在单CPU计算机系统中，多个作业或者进程竞争CPU的调度，那么采取何种算法能够较好地提高CPU的利用率，同时又能够兼顾到不同类型或者长短的作业，这就是操作系统的资源管理功能。其中,就体现了效率与公平的辩证统一的关系,如果只追求效率,那么操作系统就必然对某些作业或进程不利;如果过于讲究公平,则资源的利用效率就会大大降低。

2.1.2 操作系统的发展

操作系统并不是与计算机硬件一起诞生的,而是伴随着计算机技术本身及其应用的日益发展,逐步形成和完善起来的。

1946 年第一台通用计算机诞生,此时还没有操作系统的概念,采用手工操作计算机,用户将与程序和数据对应的穿孔纸带装进输入机,然后启动输入机把程序和数据输入到计算机内存,接着通过控制台启动程序对数据进行处理。计算完毕后,打印输出计算结果,用户可以取走结果,并卸下纸带(或卡片),以便下一个用户继续使用。图 2-2 所示为世界上第一台计算机和打孔纸带。

(a)   (b)

图 2-2　世界上第一台计算机和打孔纸带

该操作的特点:

(1) 用户独占全机。不会出现因资源已被其他用户占用而等待的现象,但资源的利用率低。

(2) CPU 等待手工操作,但 CPU 利用不充分。

20 世纪 50 年代后期,出现了人机矛盾,即手工操作比不上计算机的高速度,严重影响了系统资源的利用率。解决的办法就是摆脱手工操作,实现自动化作业,于是就出现了批处理操作系统(Batch Processing)。

1. 批处理操作系统

批处理操作系统能够控制计算机自动读取和处理作业(这个作业可以是数据、程序、命令等)。该系统分为联机批处理系统和脱机批处理系统。

1) 联机批处理系统

联机批处理系统即作业的输入/输出都由 CPU 来处理,有效节省了相邻作业切换中的长时间手工操作浪费的时间,实现了作业的自动转接。

在主机和输入机之间增加了一个新的存储设备——磁带,在运行于主机上的监督程序的自动控制下,计算机可以自动完成:将输入机中的作业成批地读入磁带,将磁带中的作业依次读入计算机内存并执行,最后将运算得到的结果通过输出机输出。完成了一批作业后,监督程序又重复地执行前面的过程,如图 2-3 所示。

图 2-3　监督程序控制管理

（1）优点：监督程序不停地处理各个作业,从而实现了作业到作业的自动转接,减少了作业建立时间和手工操作时间,有效克服了人机矛盾,提高了计算机的利用率。

（2）缺点：在执行作业输入和输出的过程中,主机的 CPU 处于闲置状态,没有充分地利用好 CPU 资源。

2）脱机批处理系统

脱机批处理系统是在联机批处理操作系统之后出现的,是为了克服与缓解高速的主机处理速度和外设间的矛盾,提高 CPU 利用率而被发明的。

（1）特点：增加一台不与主机直接相连而专门用于与输入/输出设备打交道的卫星机,从而使得输入/输出脱离主机控制,如图 2-4 所示。

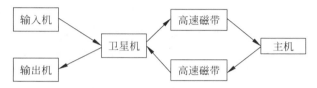

图 2-4　脱机批处理系统控制管理

从图 2-4 中可以看到,输入机、输出机与磁带之间接入了卫星机,卫星机既可以从输入机上读取用户作业并放到输入磁带上,又可以从输出磁带上读取执行结果并传给输出机。这样,主机不直接与慢速的输入机、输出机建立联系,而是与速度相对较快的磁带建立连接,有效缓解了主机与设备的矛盾。脱机批处理系统在 20 世纪 60 年代应用十分广泛。

（2）不足：每次主机内存中仅存放一道作业,每当它运行期间发出输入/输出(I/O)请求后,高速的 CPU 依旧需要等待低速的 I/O 任务完成(只不过这种和磁带交互的速度相比于直接和输出机交互的速度更快),致使 CPU 空闲。

2. 分时操作系统

分时操作系统(Time Sharing)是一台主机连接若干个终端,每个用户可以在自己的终端上联机使用主机。

用户交互式地向系统提出命令请求,系统接收每个用户的命令,将处理机的运行时间分成很短的时间片,按时间片轮流把处理机分配给各用户的联机作业。如果某一个作业在一个时间片内不能完成,则该作业暂时中断,把处理机让给其他作业使用,等待下一轮时再继续使用。操作系统以时间片为单位,轮流供每个终端用户使用。由于计算机速度很快,作业轮转也很快,因此每个用户轮流使用一个时间片却不会感觉到有别的用户存在。

分时操作系统具有多路性、交互性、独立性、及时性的特征。

（1）多路性：多个用户同时使用一台主机。从微观的角度来看是各用户轮流使用主机,从宏观的角度来看是各用户并行工作使用主机。

（2）交互性：用户可以根据系统对请求的响应结果,进一步向系统提出新的请求,从而实现用户与系统的人机交互工作模式。

（3）独立性：用户之间是相互独立的,操作互不干扰。

（4）及时性：系统可对用户的输入做出及时的响应。

多用户分时操作系统是当今计算机系统中最为普遍的一类操作系统。其主要目标就是对用户及时响应,避免用户等待的时间过长。

3. 实时操作系统

批处理操作系统和分时操作系统虽然能获得较令人满意的资源利用率和系统响应时间,

但是不能满足实时控制和实时信息处理的应用需求。实时操作系统的出现,很好地解决了这些问题。

实时操作系统使计算机能及时响应外部事件的请求,在严格规定的时间内完成对该事件的处理,并控制所有实时设备和实时任务协调一致地工作。实时操作系统的主要特点是及时响应、高可靠性。

(1)及时响应指的是每个信息接收、分析处理和发送的过程必须严格在规定的时间内完成。

(2)高可靠性指的是采取多级容错措施来保证系统的安全和数据的安全。

实时操作系统可分成两类:

(1)实时控制系统。当用于飞机飞行、导弹发射等的自动控制时,要求计算机能尽快处理测量系统测得的数据,及时地对飞机或导弹进行控制,或将有关信息通过显示终端提供给决策人员。当用于轧钢、石化等工业生产过程控制时,也要求计算机能及时处理由各类传感器送来的数据,然后控制相应的执行机构。

(2)实时信息处理系统。当用于预订飞机票,查询有关航班、航线、票价等事宜时,或当用于银行系统、情报检索系统时,都要求计算机能对终端设备发来的服务请求及时予以正确的回答。此类对响应及时性的要求稍弱于第一类。

4. 通用操作系统

通用操作系统是具有多种类型操作特征的操作系统,可以同时兼有多道批处理、分时、实时处理的功能或其中两种以上的功能。

通用操作系统将基本操作系统根据不同的需要和应用场景组合起来,在简捷、高效的前提下最大限度地满足实际需求。UNIX操作系统就是一个多用户分时交互型的通用操作系统。它首先建立的是一个精干的核心,而其功能却足以与许多大型的操作系统相媲美,在核心层以外,可以支持庞大的软件系统。它很快得到应用和推广,并不断完善,对现代操作系统有着重大的影响。

至此,操作系统的基本概念、功能、基本结构和组成都已形成并渐趋完善。

5. 网络操作系统

网络操作系统基于计算机网络,是在各种计算机操作系统上按网络体系结构协议标准开发的软件套件,包括网络管理、通信、安全、资源共享等各种网络应用。其目标是相互通信和资源共享。

网络操作系统在原来计算机操作系统的基础之上,按照网络体系结构的各个协议标准增加了网络管理模块,以实现通信、资源共享、保证系统安全等网络服务。

网络操作系统与通常的操作系统有所不同,它除了应具有通常操作系统具有的处理机管理、存储器管理、设备管理和文件管理外,还应具有以下两大功能:

(1)提供高效、可靠的网络通信能力。

(2)提供多种网络服务功能,如远程作业录入并进行处理的服务功能、文件传输服务功能、电子邮件服务功能、远程打印服务功能。

网络操作系统有三种模式:集中模式、客户机/服务器模式、对等模式。

(1)集中模式网络操作系统是由分时操作系统加上网络功能演变的。系统的基本单元由一台主机和若干台与主机相连的终端构成,信息的处理和控制是集中的。UNIX就是这类系统的典型。

(2)客户机/服务器模式是最流行的网络工作模式。服务器是网络的控制中心,并向客户提供服务。客户是用于本地处理和访问服务器的站点。

（3）对等模式的站点都是对等的，既可以作为客户访问其他站点，又可以作为服务器向其他站点提供服务。这种模式具有分布处理和分布控制的功能。

6. 分布式操作系统

分布式操作系统通过通信网络将不同地域的数据处理系统或计算机系统连接起来，使它们实现信息互换和资源共享，协同完成任务。

7. 嵌入式操作系统

嵌入式操作系统是运行在嵌入式系统环境中，对整个嵌入式系统以及它所操作的各种部件装置进行统一调度、分配的系统软件。

2.1.3　常见操作系统

1. DOS 操作系统

1985—1995 年个人计算机上使用的主要操作系统为磁盘操作系统（DOS）。DOS 是对计算机系统进行控制与管理的一组程序，管理着计算机的全部资源（包括中央处理器、存储器、各种外部设备、程序和数据），提供了用户与计算机之间的接口，用户能够方便地在计算机上运行程序以及建立和管理文件，并能使计算机的各种设备，如打印机、软盘驱动器、硬盘驱动器有效工作。

DOS 系统采用层次型模块结构，由一个引导程序和三个层次模块组成，其中三个层次模块分别是输入/输出管理程序模块、文件管理模块、命令处理程序模块。

1）引导程序

引导程序 Boot.ini 是一个很小的程序，它被放在软盘的 0 磁道 1 扇区或硬盘 DOS 主分区的首扇区上。它的作用是检查当前磁盘上是否有 DOS 系统。如果有，则将输入/输出管理程序和磁盘文件管理程序载入内存；如果没有，则显示错误信息。无论硬盘还是软盘，都有引导程序，只要进行格式化后，引导程序就已经加载上去了。

2）输入/输出管理程序模块

输入/输出管理程序常驻内存，主要负责与基本输入/输出设备如显示器、键盘和磁盘驱动器等进行通信。此模块在磁盘上是一个隐形文件，作为 DOS 系统盘的第一文件连续地驻留于磁盘数据区的起始部分。

3）文件管理模块

文件管理模块是整个 DOS 系统的核心，它提供系统与用户的高级接口。其任务是：管理所有磁盘文件、磁盘空间分配及其他系统资源管理、负责操作系统与外模块的联系。此模块也是一个隐形文件，在文件目录中显示不出来。

4）命令处理程序模块

命令处理程序是操作系统的最外层，直接与用户打交道，作用是对用户输入的 DOS 命令进行解释并执行。

DOS 系统中的命令分为内部命令和外部命令。内部命令是比较常用的命令，全部包括在命令处理程序中，并且常驻内存。相对于内部命令，外部命令是比较不常用的命令，它们不常驻内存，只在需要执行时才读入内存，执行之后就退出内存。

2. Windows 操作系统

Windows 采用了图形化模式，比起从前的 DOS 需要输入指令使用的方式，更为人性化。随着计算机硬件和软件的不断升级，微软的 Windows 也在不断升级，从 16 位、32 位再到 64

位的架构,系统版本从最初的 Windows 1.0 到大家熟知的 Windows 95、Windows 98、Windows 2000、Windows XP、Windows Vista、Windows 7、Windows 8、Windows 8.1、Windows 10 和 Windows Server 服务器企业级操作系统,不断持续更新,微软一直在致力于 Windows 操作系统的开发和完善。

Windows 2000/NT 作为一个真正的 32 位操作系统,不但没有取消对 MS-DOS 应用程序的支持,反而通过创建虚拟 DOS 机(Virtual DOS Machine)来运行 MS-DOS 和 16 位 Windows 应用程序,保留并增强了几乎 MS-DOS 的所有功能。它用 cmd.exe 替换了以前版本中的 command.com,并将它命名为"命令提示符",如图 2-5 所示。

图 2-5　cmd.exe

此时运行命令的 DOS 环境彻底变成了 Windows 环境下的命令提示符窗口,但是它不再是纯 DOS 系统,它仅仅是 DOS 界面,看起来与 DOS 类似,可以在该窗口下输入并运行大部分 DOS 命令,如图 2-6 所示。命令提示符快捷键:Win+R→cmd。

图 2-6　cmd 窗口

Windows 操作系统分为用于个人计算机和服务器的两个系列。个人电脑上的操作系统包括 Windows XP、Windows 7、Windows 10 等;服务器上的网络操作系统包括 Windows Server 2003、Windows Server 2008、Windows Server 2012、Windows Server 2019 等。

Windows 操作系统版本迭代过程如图 2-7 所示。

1)Windows 1.0

1985 年 11 月 20 日,Windows 1.0 发布,其中鼠标的作用得到特别的重视,用户可以通过鼠标完成大部分的操作。Windows 1.0 自带了一些简单的应用程序,包括日历、记事本、计算器等。Windows 1.0 的一个显著特点就是允许用户同时执行多个程序,并在各个程序之间进行切换,这对于 DOS 来说是不可想象的。

Windows 1.0 可以显示 256 种颜色,窗口可以任意缩放,当窗口最小化的时候桌面上会有专门的空间放置这些窗口(其实就是现在的任务栏)。在 Windows 1.0 中已经出现了控制面板(Control Panel),对驱动程序、虚拟内存有了明确的定义,不过功能非常有限。

2)Windows 3.0

1990 年 5 月 22 日,Microsoft 迎来了第一个具有时代意义的作品——Windows 3.0。之后更为成熟的版本 Windows 3.1 诞生了。Windows 3.1 添加了多媒体功能、CD 播放器以及对桌面排版很重要的 True Type 字体。1994 年 Windows 3.2 发布,这也是 Windows 系统第

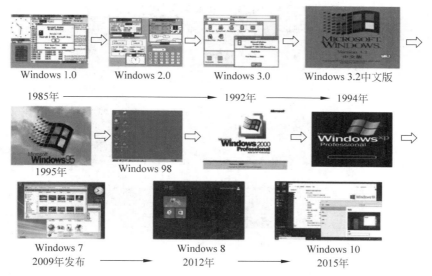

图 2-7　Windows 操作系统版本迭代过程

一次有了中文版。由于消除了语言障碍，降低了学习门槛，因此在国内得到了较为广泛的应用。

3）Windows 95

1995 年 8 月 24 日，微软公司推出了 Windows 95，它是第一个不要求先安装 DOS 的 32 位操作系统。Windows 95 的大多数 I/O 操作、存储管理和进程管理是保护模式的。Windows 95 具有全新的图形用户界面，支持多达 255 个字符的文件名和扩展名，而在 DOS 提示符下又可转换成 8.3 规则的别名以保持兼容性。Windows 95 还集成了网络的连接和管理，其连接特性也从 LAN 扩展到了拨号访问。它还支持 TCP/IP 结构和 PnP 技术。

4）Windows 2000

Windows 2000 是沿袭微软公司 Windows NT 系列的 32 位视窗操作系统，是 Windows 操作系统发展的一个新里程碑。Windows 2000 是一个先占式多任务、可中断的、面向商业环境的图形化操作系统，为单一处理器或对称多处理器的 32 位 Intel x86 计算机而设计。

5）Windows XP

Windows XP 是微软公司于 2001 年 10 月发布的一款操作系统，如图 2-8 所示。Windows XP 是个人计算机的一个重要里程碑，它集成了数码媒体、远程网络等最新的技术规范，还具有很强的兼容性，外观清新美观，能够带给用户良好的视觉享受。Windows XP 产品功能几乎包含了所有计算机领域的需求。同时，根据不同用户的需求，Windows XP 又包括了多个版本。其中最为常见的是针对个人用户的家庭版（Windows XP Home Edition）和针对商业用户的专业版（Windows XP Professional）。家庭版的消费者是家庭用户，专业版则在家庭版的基础上添加了新的面向商业而设计的网络认证、双处理器等特性。

6）Windows 7

2009 年 10 月，微软公司推出了 Windows 7。核心版本号为 Windows NT 6.1。Windows 7 可供家庭和商业工作环境、笔记本电脑、平板电脑、多媒体中心等使用。Windows 7 先后推出了简易版、家庭普通版、家庭高级版、专业版、企业版等多个版本。Windows 7 的启动时间大幅缩减，增加了简捷的搜索和信息使用方式，改进了安全和功能合法性，使用 Aero 效果更显华丽和美观。

图 2-8　Windows XP

7）Windows 10

2015 年 7 月 29 日，微软公司正式发布计算机和平板电脑操作系统 Windows 10，如图 2-9 所示。微软公司宣布 Windows 10 将采用同一个应用商店，即可展示给 Windows 10 覆盖的所有设备用，同时支持 Android 和 iOS 程序。

图 2-9　Windows 10

Windows 的不断更新，使得该操作系统具有人机操作性优异、支持的应用软件较多、对硬件支持良好等特点；Windows 操作系统的版本迭代，是面对系统漏洞、木马病毒等攻击手段的不断优化改进，体系架构也从 16 位、32 位升级到 64 位，凝聚了计算机技术人员的集体智慧和创造性解决问题的个人贡献。

我们要从中感受并学习到终身学习、不断进取的科学精神，明白学习成长的过程既是一个"版本迭代"的过程，也是一个不断扬弃自我、追求新我的过程。

3．其他操作系统

macOS 是在苹果公司的 Power Macintosh 机和 Macintosh 计算机上使用的，如图 2-10 所示。它是最早成功的基于图形用户界面的操作系统，具有较强的图形处理能力，广泛用于桌面排版和多媒体应用等领域。macOS 的缺点：与 Windows 缺乏较好的兼容性，影响了它的普及。

华为鸿蒙操作系统是中国华为公司自主开发的计算机操作系统。2019 年 8 月 9 日，华为公司在东莞举行华为开发者大会，正式发布操作系统鸿蒙 OS，如图 2-11 所示。鸿蒙 OS 是一款"面向未来"的操作系统，一款基于微内核的面向全场景的分布式操作系统，现已适配智慧屏，未来它将适配手机、电脑、电视、智能汽车、可穿戴设备等多终端设备。鸿蒙操作系统的问世，在全球引起反响，拉开了永久性改变操作系统全球格局的序幕。

图 2-10　macOS

图 2-11　华为鸿蒙操作系统

　　鸿蒙问世时,恰逢中国整个软件业亟须补齐短板,鸿蒙给国产软件的全面崛起产生战略性带动和刺激。在美国打压中国高科技企业的逆境中,以华为为代表的中国高科技企业,独立发展我国核心技术,代表中国高科技必须开展的一次战略突围,是中国解决诸多"卡脖子"问题的一个带动点。

　　中国科技企业和科技工作人员在孕育、创新、突围中成长壮大。我们要学习中国企业自主创新、攻坚克难的创新精神,学习中国科技人员孜孜以求、执着奋斗的动人事迹和精益求精、追求卓越、不断创新的工匠精神。

2.2　Windows 10 操作系统概述

2.2.1　Windows 10 的桌面组成

1. 桌面

　　启动并进入 Windows 10 操作系统后,首先看到的是桌面。桌面是用户与计算机之间交互的主屏幕区域。桌面区域包括桌面图标、背景、"开始"按钮、任务栏,如图 2-12 所示。

　　桌面上带有文字说明的小图片,称为桌面图标,如图 2-13 所示。

1)"此电脑"图标

　　该图标为用户访问计算机资源的入口。双击"此电脑"图标后,会打开资源管理器程序,用

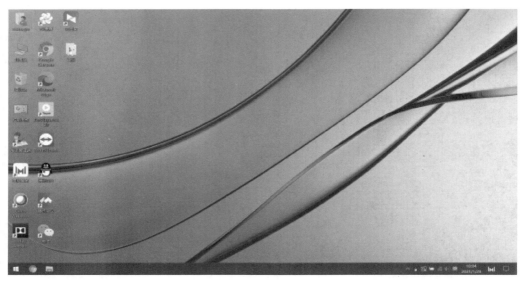

图 2-12　Windows 10 操作系统桌面

图 2-13　Windows 10 操作系统桌面图标

户可以在资源管理中访问硬盘、光盘、可移动硬盘和连接到计算机的其他设备资源,如图 2-14所示。

右击"此电脑"图标,在弹出的快捷菜单中选择"属性"命令,会打开"系统"属性窗口,在此窗口中可以查看计算机安装的操作系统版本信息、处理器、内存等基本性能指标,如图 2-15所示。

2)用户文件夹图标

Windows 会自动为每个用户创建一个个人文件夹,它是根据用户账户名称命名的。例如,如果用户名称是 user,则该文件夹的名称为 user。双击用户文件夹图标,将打开一个文件夹窗口,该窗口中包括文档、音乐、图片和视频等子文件夹。用户新建文件在保存时,系统默认保存在用户文件夹下相应的子文件夹中,如图 2-16 所示。

3)"回收站"图标

回收站是系统在硬盘中自动生成的特殊文件夹,用来保存被逻辑删除的文件和文件夹。双击"回收站"图标,可以打开"回收站"文件夹窗口,用户可以从中恢复一些误删除的文件和文

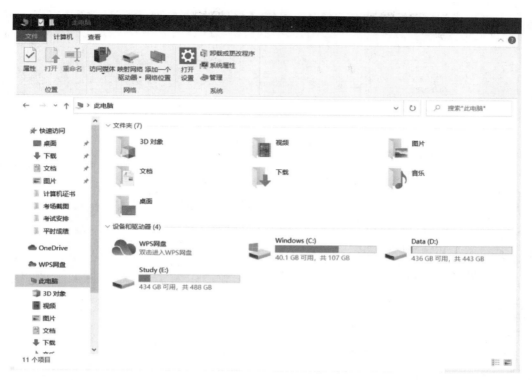

图 2-14　Windows 10 操作系统的此电脑

图 2-15　Windows 10 操作系统属性窗口

件夹,也可以将这些文件和文件夹从回收站中彻底删除,如图 2-17 所示。

注意:文件从回收站中删除后,将无法恢复。

4)"控制面板"图标

双击"控制面板"图标后,将打开"控制面板"窗口,如图 2-18 所示,该窗口主要用来进行系统相关的设置。用户可以根据自己的喜好设置显示、键盘、鼠标、桌面等对象,还可以添加或删除程序、查看硬件设备等。

图 2-16 用户文件夹

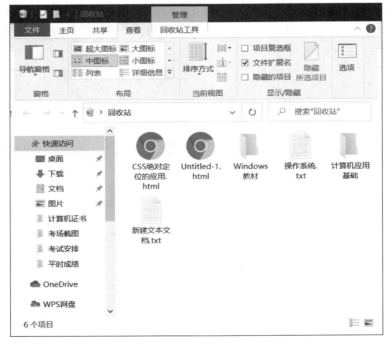

图 2-17 回收站

5）快捷方式图标

快捷方式图标的左下角有箭头标记，双击图标，可以快速打开某个文件、文件夹或应用程序。快捷方式图标是一个连接对象的图标，它不是对象本身，而是指向这个对象的指针，删除快捷方式图标，并不会对原文件有任何影响，如图 2-19 所示。

图 2-18 控制面板

图 2-19 快捷方式图标

2. "开始"按钮

"开始"按钮位于桌面的左下角。单击"开始"按钮或按键盘上的 Win 键,就可以打开"开始"菜单,"开始"菜单对应的屏幕为"开始屏幕",用户可以在"开始屏幕"中选择相应的项目,轻松快捷地使用计算机上的所有应用,如图 2-20 所示。

3. 任务栏

任务栏位于桌面的底部。从左到右依次为"开始"按钮、程序按钮区、通知区域、显示桌面。

(1)"开始"按钮:打开"开始"菜单。

(2)程序按钮区:显示固定在任务栏的快速启动按钮和正在运行的应用程序、文件和文件夹的按钮图标。

(3)通知区域:显示音量、输入法、系统时间、一些特定的程序(如杀毒软件、防火墙等)或计算机状态的图标。

(4)显示桌面:用来快速将所有程序最小化并显示桌面,如图 2-21 所示。

2.2.2 Windows 10 的窗口组成

1. 应用程序窗口

应用程序窗口是应用程序运行时的工作窗口,由标题栏、菜单栏、工具栏、最小化按钮、还原按钮、最大化按钮、关闭按钮、状态栏等组成,如图 2-22 所示。

2. 文件夹窗口

文件夹窗口用来显示文件夹中的文件和文件夹,双击某个文件夹即可打开文件夹窗口,如图 2-23 所示。

图 2-20　"开始"按钮

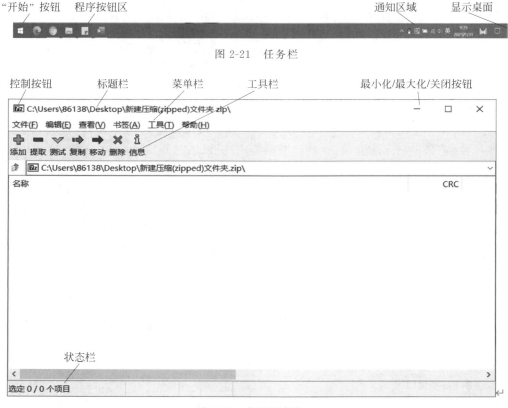

图 2-21　任务栏

图 2-22　应用程序窗口

3. 对话框窗口

对话框窗口是系统和用户交互信息的场所,用来输入信息或进行参数设置,与其他窗口不同,对话框窗口无法实现最大化、最小化或调整大小,只能打开或关闭,如图 2-24 所示。

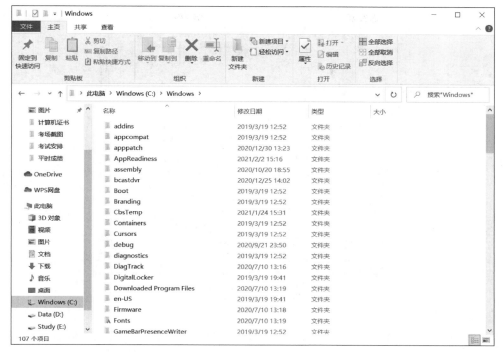

图 2-23　文件夹窗口

图 2-24　对话框窗口

2.2.3　Windows 10 的菜单

1. 下拉菜单

大多数菜单都属于下拉菜单,此类菜单有固定的位置和明显的标志或名称,单击菜单名或标志图标可打开菜单,如图 2-25 所示。

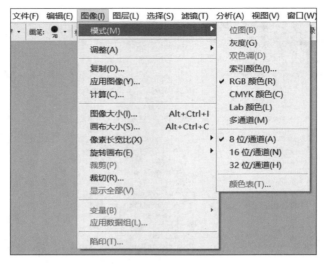

图 2-25　下拉菜单

下拉菜单含有若干条命令,为了便于使用,通常命令会按功能分组。当前能够执行的命令项以深色显示,无效的命令项以浅灰色显示;如果菜单命令旁边标有黑色三角形,则表示鼠标移动到该命令后,系统会弹出相关的子菜单;如果菜单命令旁边标有"…",则表示选择该命令后,系统会弹出对话框,让用户输入信息或做进一步选择。

2. 快捷菜单

当在窗口的某个位置或某个对象上按鼠标右键,就会打开一个弹出式的菜单,称为快捷菜单。此类菜单没有固定的位置或标志,有很强的针对性,右击操作对象,系统会弹出与该对象相关的快捷菜单,对不同的操作对象,菜单内容会有很大差别。例如,在桌面上按鼠标右键弹出的快捷菜单和在"此电脑"对象上按鼠标右键弹出的快捷菜单如图 2-26 所示。

(a)　　　　　　　　　　　　　　　　(b)

图 2-26　快捷菜单

2.3　Windows 10 的基本操作

Windows 10 系统的基本操作有启动和退出、鼠标的操作、菜单的操作、文字输入方法、窗口的操作和任务栏的操作。

2.3.1　Windows 10 启动

安装 Windows 系统后,打开计算机,系统先进行自检,加载驱动程序,检查系统的硬件配置,如果没有问题,则自动执行 Windows 系统程序,进入登录界面,选择用户账号,输入密码后,进入系统桌面,如图 2-27 所示。

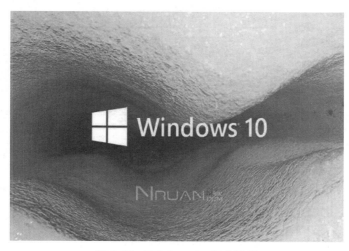

图 2-27　Windows 10 启动界面

2.3.2　Windows 10 退出

打开"开始"菜单,单击左下角的"电源"选项,即可打开所示的子菜单,如图 2-28 所示。

（1）"睡眠"命令。计算机进入低能耗状态,显示器将关闭,计算机的风扇通常也会停止,系统只需维持内存中的工作,操作系统会自动保存打开的文档和程序。

（2）"关机"命令。系统会关闭所有打开的程序,退出 Windows,完成关闭计算机的操作。

（3）"重启"命令。系统将关闭所有打开的程序,重新启动操作系统。"重启"命令有助于修复计算机运行时产生的错误,有时操作系统更新、安装新的应用程序或卸载应用程序后也需要重启系统。

图 2-28　Windows 10 退出界面

2.3.3　鼠标的操作

Windows 是图形化的操作系统,鼠标是在图形操作系统中用得最多的工具。鼠标的操作方法如下:

（1）单击:按一下鼠标左键,表示选中某个对象或启动命令按钮。

（2）双击:快速连续按两次鼠标左键表示运行某个对象或执行程序。

（3）右击:按一下鼠标右键,表示启动与当前对象相关的快捷菜单。

（4）拖动:按住鼠标左键不放,并移动鼠标指针到另一个位置。表示选中一个区域,或者将对象移动到某个位置。

（5）指向:鼠标指针移动到某个位置,但是没有按键。

由于鼠标指针位置不同,往往有不一样的操作,用户可以根据鼠标的形状来判断。表 2-1 所示为常见的鼠标形状。

表 2-1 常见的鼠标形状

鼠标指针	表示的状态	鼠标指针	表示的状态	鼠标指针	表示的状态
⬧	准备状态	↕	调整对象垂直大小	＋	精确调整对象
⬧?	帮助选择	↔	调整对象水平大小	I	文本输入状态
⬧⧖	后台处理	⬉	等比例调整对象 1	⊘	禁用状态
⧖	忙碌状态	⬈	等比例调整对象 2	╲	手写状态
✛	移动对象	↑	其他选择	✋	链接状态

2.3.4 窗口的操作

1. 窗口的移动

将鼠标指向窗口上方的标题栏,按住鼠标左键,拖动鼠标到指定的位置。

2. 窗口的最大化、最小化和还原

最大化和还原在窗口右上角,单击最大化按钮,即可将窗口充满整个屏幕。已经最大化状态的窗口,在窗口右上角会出现还原按钮,单击还原按钮,窗口会恢复到最大化前的大小。在窗口的标题栏位置,双击鼠标左键,窗口会在最大化和还原两个状态之间切换。

最小化和还原在窗口右上角,单击最小化按钮,窗口会缩小为一个图标按钮并显示在任务栏上。单击任务栏上最小化的窗口图标按钮,即可还原窗口。

3. 窗口的关闭

在窗口右上角三个按钮中,关闭按钮是最右面一个。单击关闭按钮,即可关闭窗口,或使用组合键 Alt＋F4。

2.3.5 菜单的操作

Windows 主要有下拉菜单和快捷菜单两种。其中快捷菜单的打开方式,通常都是在对象上按鼠标右键。下拉菜单的打开方式主要有以下两种:

(1) 单击该菜单项名称。

(2) 如果菜单名称后含有大写的英文字母,则可以使用组合键 Alt＋英文字母打开菜单。

执行菜单中的某些命令,主要有以下方法:

(1) 打开菜单,单击命令项。

(2) 打开菜单,通过键盘上的方向键,切换到对应的命令项,然后按键盘上的回车键。

(3) 如果菜单中命令项的名称后有大写英文字母,可以在打开菜单后直接按对应的字母键。

(4) 如果菜单中命令项的名称后有组合键,则可以不用打开菜单,直接使用组合键执行该命令。

2.3.6　任务栏的操作

1. 任务栏上图标按钮的合并方式

当用户打开很多个程序或文件时,任务栏区域会被占满,用户可以设置任务栏上图标按钮的合并方式。方法为:在任务栏的空白位置,按鼠标右键,从弹出的快捷菜单中选择"任务栏设置"命令。

在"设置"窗口的"合并任务栏按钮"下拉列表框中选择需要的选项,如始终合并按钮、任务栏已满时合并、从不合并等,如图 2-29 所示。

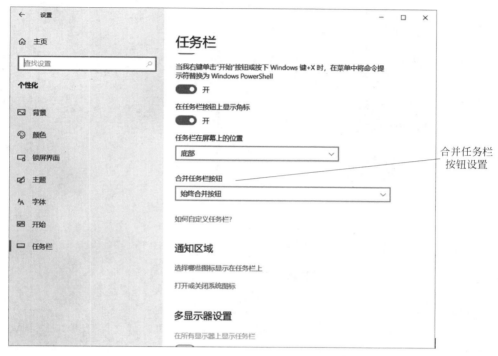

图 2-29　任务栏上图标按钮的合并方式

2. 将程序锁定到任务栏

如果某个程序需要经常使用,可以将这个程序的图标按钮固定在任务栏上,按鼠标左键即可启动。

如果将程序图标固定到任务栏,即使程序关闭,图标按钮也一直显示在任务栏上。或者,直接拖动应用程序的图标按钮到任务栏上,也可以实现将程序图标固定到任务栏上。

如果不需要任务栏上固定的程序图标,可以在任务栏上右击应用程序图标,从弹出的快捷菜单中选择"从任务栏取消固定"命令,如图 2-30 所示。

3. 任务栏的高度和位置

在 Windows 系统中,任务栏的默认位置是在桌面的底部,用户可以根据个人喜好,调整任务栏的大小和位置。方法为:

(1) 在任务栏的空白位置按鼠标右键,系统弹出的快捷菜单中有"锁定任务栏"命令,检查前方是否有对号,如果前方有对号,代表任务栏是锁定状态,不能修改,单击该命令按钮,即可取消前方的对号。

(2) 通过拖动鼠标的方式,可以调整任务栏的位置到桌面的顶部、左边、右边。在任务栏边缘位置按住鼠标左键拖动,可以改变任务栏高度。

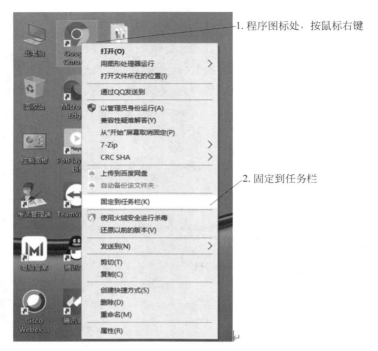

图 2-30　程序锁定到任务栏

2.4　Windows 10 文件管理

2.4.1　Windows 10 文件系统

1. FAT32 文件系统

FAT32 指的是文件分配表采用 32 位二进制数记录管理的磁盘文件管理方式,FAT 类文件系统的核心是文件分配表,如图 2-31 所示。FAT32 是从 FAT 和 FAT16 发展而来的,优点是稳定性和兼容性好,能充分兼容 Windows 10 和以前版本,且维护方便。缺点是安全性差,且最大只能支持 32GB 分区,单个文件也只能支持最大 4GB。

图 2-31　FAT32 文件系统

2. NTFS 文件系统

NTFS 文件系统是一个基于安全性的文件系统,它是建立在保护文件和目录数据基础上,同时照顾节省存储资源、减少磁盘占用量的一种先进的文件系统。Windows 10 操作系统通常使用 NTFS 文件系统,如图 2-32 所示。

NTFS 文件系统具有安全、容错、向下兼容、大容量和可使用长文件名的优点。

3. exFAT 文件系统

exFAT 是扩展 FAT,即扩展文件分配表,是一种适合于闪存的文件系统,如图 2-33 所示。由于 FAT32 不支持 4GB 及更大的文件,超过 4GB 的 U 盘格式化时默认是 NTFS 分区,但是 NTFS 分区是采用"日志式"的文件系统,需要记录详细的读写操作,因此需要不断读写,会较伤害闪盘芯片。

图 2-32 NTFS 文件系统

图 2-33 exFAT 文件系统

exFAT 是一个折中的方案,支持 4GB 及更大的文件,更适合 U 盘使用。

2.4.2 Windows 10 的文件组织

1. 盘符

计算机的外部存储器一般以硬盘为主。为了便于管理,一般会把硬盘进行分区,划分为多个磁盘分区,每个磁盘分区用盘符表示。

为了方便使用,用户可以将计算机中的信息分类存储在不同的逻辑盘中。例如,操作系统文件在 C 盘,软件存储在 D 盘,办公文件存储在 E 盘,音乐影像文件等存储在 F 盘,如图 2-34 所示。

图 2-34 Windows 10 系统的盘符

2. 文件

文件是按一定格式存储在外存储器中的信息的集合,是操作系统中基本的存储单位。文件通常分为程序文件和数据文件两类。

为了区分计算机中的不同文件,给每个文件设定一个指定的名称,即文件名,文件名由主文件名和扩展名组成。

按照文件存储的内容(即存储格式)把分件分成不同的类型。文件的类型一般由扩展名表示,如表 2-2 所示。例如:example.docx,扩展名为 docx,代表这是 Word 文档格式文件。

表 2-2　Windows 10 系统文件的格式

扩 展 名	含 义	扩 展 名	含 义
doc、docx	Word 文档	jpg、jpeg、png、gif	常见图形文件
xls、xlsx	Excel 电子表格文件	zip、rar	压缩文件
ppt、pptx	PowerPoint 演示文稿文件	mp3、wav、avi	影音文件
txt	文本文档	exe、com	可执行文件
pdf	便携式文档格式	dll	动态链接库文件
bmp	位图文件	html、htm	超文本文件、网页文件

3. 文件夹

文件夹也叫目录,是用来放置文件和子文件夹的容器。文件夹的名称要求与文件名相同,但是不需要扩展名。

每个磁盘上必定有,也只能有一个根文件夹,也成为根目录,名为"\",根目录下可以有很多子文件夹,整个结构像一棵倒置的树,如图 2-35 所示。

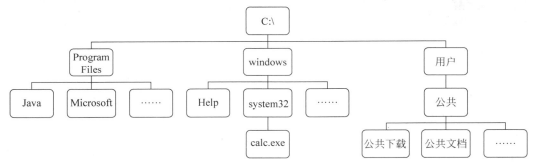

图 2-35　文件夹管理树

4. 路径

路径用来指出文件存放在磁盘中的位置。路径可分为绝对路径和相对路径两种。

(1)绝对路径:从根目录开始表示目标文件所在的位置。各级子文件夹直接用"\"分隔。例如,calc.exe 文件的绝对路径表示为"C:\windows\system32\calc.exe"。

(2)相对路径:从当前位置开始表示目标文件所在的相对位置。例如,当前位置在 Java 文件夹中,则 calc.exe 文件的相对路径表示为"..\..\windows\system32\calc.exe",其中"..\"表示上一级文件夹(父目录)。

5. 通配符

为了使用户一次能指定符合条件的一批文件,系统提供了通配符"?"和"＊"。

(1)通配符"?"。通配符"?"代表任意一个字符。例如,??f.docx 表示第 1、2 个字符为任意字符、第 3 个字符是 f,扩展名为.docx 的一批文件。

(2)通配符"＊"。通配符"＊"代表 0 个或任意多个字符。例如,a＊.＊表示 a 开头的所有文件。

6. 文件属性

文件属性定义了文件具有某种独特的性质。常见的属性如下:

(1)系统属性。系统属性指该文件为系统文件,它将被隐藏起来。通常系统文件不能被查看,也不能被删除,是操作系统对重要文件的一种保护属性,防止这些文件被意外损坏。

（2）隐藏属性。隐藏属性指该文件在系统中是隐藏的,在默认情况下用户不能看见这些文件。

（3）只读属性。只读属性表示该文件只能读取,不能修改。

（4）存档属性。存档属性表示该文件应该被存档,软件可以用该属性来确定文件应该做备份了。

2.4.3　Windows 10文件资源管理器

打开文件资源管理器,打开本地磁盘C盘,窗口组成如图2-36所示。

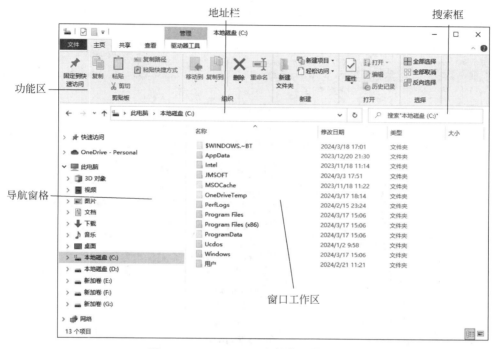

图2-36　Windows 10文件资源管理器

（1）功能区,包含与文件资源管理器相关的操作,并按照功能划分在不同的选项卡中。

（2）地址栏,显示当前打开的文件夹路径。

（3）搜索框,可以帮助用户在计算机中搜索文件和文件夹。

（4）窗口工作区,显示当前磁盘或文件夹目录中存放的文件和文件夹。

（5）导航窗格,以树形目录结构展示当前计算机中的所有资源。

2.4.4　文件和文件夹的基本操作

1. 创建文件和文件夹

在文件资源管理器中创建文件和文件夹常用的方法如下:

（1）利用功能区。在功能区,打开"主页"选项卡,在"新建"选项组中选择"新建文件夹"或"新建项目"中的某一类型文件,然后输入文件夹或文件的名称,按回车键,如图2-37所示。

（2）利用快捷菜单。在当前文件夹的窗口工作区的空白位置右击,从弹出的快捷菜单中选择"新建"命令,在打开的子菜单中可以选择"文件夹"或某一类型文件,然后输入文件夹或文件的名称,按回车键,如图2-38所示。

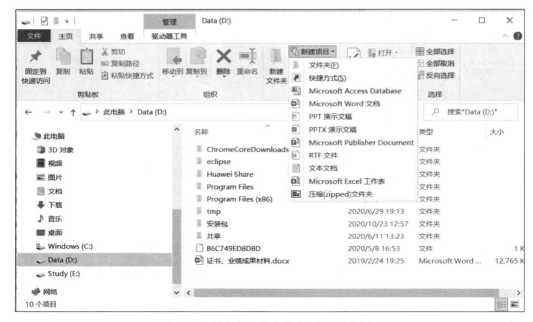

图 2-37　创建文件和文件夹（利用功能区）

图 2-38　创建文件和文件夹（利用快捷菜单）

2. 选择文件和文件夹

在对文件和文件夹做进一步的操作前,首先需要选定文件和文件夹。

（1）选定单个的文件。直接单击文件的图标即可。

（2）选定多个连续的文件。首先选定第一个文件,然后按住 Shift 键,在最后一个要选择的文件图标处按住鼠标左键,再释放 Shift 键,一组多个连续的文件即可被选定。或者,使用拖动鼠标的方法,选择连续排列的多个文件,如图 2-39 所示。

addins　　appcompat　　apppatch　　AppReadiness　　assembly　　bcastdvr　　Boot

图 2-39　选定多个连续的文件

（3）选定多个不连续的文件。首先按住 Ctrl 键,然后逐个单击需要选择的文件的图标,再释放 Ctrl 键,一组多个不连续的文件即可被选定,如图 2-40 所示。

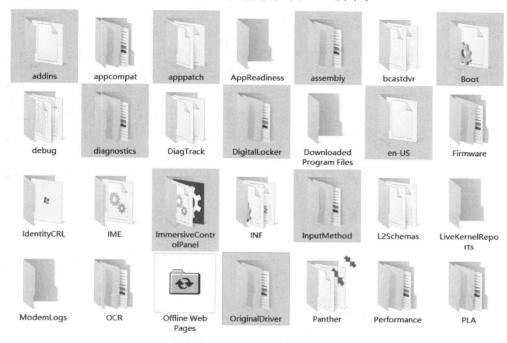

图 2-40　选定多个不连续的文件

（4）选择全部文件。首先打开文件资源管理器上方的"主页"选项卡,在"选择"选项组中单击"全部选择"命令,即可全部选定。或者使用组合键 Ctrl+A。

（5）反向选择,即取消已选择的文件,重新选择原本未选择的所有文件。首先打开文件资源管理器上方的"主页"选项卡,在"选择"选项组中单击"反向选择"命令,即可完成。

（6）取消已选定的文件。首先按住 Ctrl 键,再单击需要取消选定的文件。如果需要全部取消,只需单击窗口的空白位置即可。

3. 文件和文件夹的移动和复制

选择想要复制或移动的文件,单击"主页"选项卡,选择"剪贴板"选项组中的"复制"或"剪切"命令,然后切换目录到目标文件夹位置。再一次单击"主页"选项卡,选择"剪贴板"选项组中的"粘贴"命令,即可将文件移动和复制到目标文件夹中,如图 2-41 所示。

"主页"选择卡 |　"剪贴板"选项组

图 2-41　复制或移动文件

4. 重命名文件和文件夹

（1）使用功能区命令:首先选定要重命名的文件和文件夹。单击"主页"选项卡,选择"组织"选项组中的"重命名"命令,这时选定的文件和文件夹的名称为被选中的状态(蓝底白字),

输入新的名称,按回车键即可完成重命名。

(2) 使用快捷菜单命令:首先选定要重命名的文件和文件夹。在图标位置按鼠标右键,从弹出的快捷菜单中选择"重命名"命令,这时选定的文件和文件夹的名称为被选中的状态,输入新的名称,按回车键即可。

(3) 使用快捷键:首先选定要重命名的文件和文件夹。按键盘上的快捷键 F2,这时选定的文件和文件夹的名称为被选中的状态,输入新的名称,按回车键即可。

5. 删除文件和文件夹

用户可以删除不需要的文件和文件夹,以保持计算机系统的整洁并节约磁盘空间。如果需要删除文件和文件夹,首先选定需要删除的文件和文件夹,然后下面为常见的方法:

(1) 使用功能区命令。单击"主页"选项卡,选择"组织"选项组中的"删除"命令。

(2) 使用快捷菜单。在文件和文件夹的图标位置,按鼠标右键,从弹出的快捷菜单中选择"删除"命令。

(3) 使用快捷键。选中文件和文件夹后,按键盘上的 Del 键。

以上的方法,文件和文件夹都会删除并放在回收站中(回收站已满除外)。如果想彻底删除,可以在进行上述操作的同时,按住 Shift 键,则删除的对象将不进入回收站。

6. 回收站

1) 还原文件

还原文件是指将文件恢复到原来的位置。可以采用以下方法还原文件,如图 2-42 所示。

(1) 使用功能区命令。单击"回收站工具"选项卡,选择"还原"选项组中的"还原选定的项目"命令。

(2) 在图标位置按鼠标右键,从弹出的快捷菜单中选择"还原"命令。

(3) 使用剪切和粘贴的方式,将文件和文件夹粘贴到适当的文件夹中。

2) 清空回收站

被删除的文件和文件夹存放在回收站中,实际上还是会占用磁盘空间,如果想彻底释放被占据的磁盘空间,需要清空回收站里的内容,如图 2-43 所示。常见方法如下:

(1) 打开回收站,单击"回收站工具"选项卡,选择"管理"选项组中的"清空回收站"命令。

(2) 打开回收站,将回收站中的文件全部选中删除。

(3) 在桌面上的"回收站"图标处按鼠标右键,从弹出的快捷菜单中选择"清空回收站"命令。

图 2-42　还原文件

图 2-43　清空回收站

7. 搜索文件和文件夹

在文件资源管理器窗口中可以使用搜索功能在当前文件夹中查找文件或文件夹。具体方法如下:

(1) 搜索前先确定搜索的范围,例如:要在 C 盘 Windows 文件夹中搜索 calc.exe(计算器程序)文件,则先将目录切换到 C 盘 Windows 文件夹位置,如图 2-44 所示。

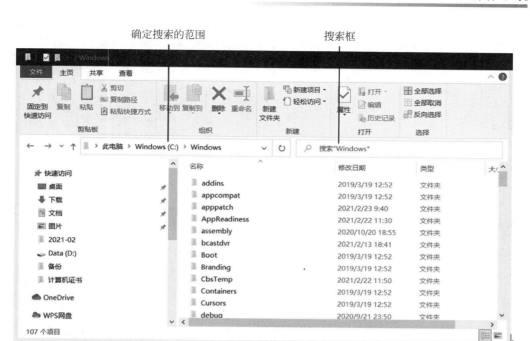

图 2-44 搜索文件和文件夹

（2）在右侧搜索框中输入 calc.exe，系统会自动搜索，并在窗口工作区显示搜索到的相关文件或文件夹，如图 2-45 所示。

图 2-45 搜索 calc.exe

在搜索过程中，如果不清楚文件或文件夹名称，则可以使用通配符"＊"和"？"来代替。"＊"代表任意多的字符，"？"代表任意一个字符。例如，查找以字母 c 开始的文件，则可以在搜索框中输入"c＊.＊"；如果查找所有文本文档文件，则可以在搜索框中输入"＊.txt"。

8. 文件和文件夹的属性

系统允许用户查看和修改文件和文件夹的一些相关属性，方法如图 2-46 所示。

图 2-46 文件和文件夹属性

（1）选择文件或文件夹，单击"主页"选项卡，选择"打开"选项组中的"属性"命令。

（2）在文件或文件夹图标位置按鼠标右键，从弹出的快捷菜单中选择"属性"命令。

在打开的"属性"对话框中，用户可以查看文件或文件夹大小、位置、创建时间等相关信息。

2.5 Windows 10 系统的设置

2.5.1 Windows 10 设置

用户通过"Windows 设置"功能，可以轻松完成系统的个性化设置、应用程序设置、网络设置、系统安全设置等。

首先打开"开始"菜单，在左侧选择"设置"，即可打开"Windows 设置"，如图 2-47 所示。

图 2-47 Windows 10 设置

1. 自定义桌面背景

在"Windows 设置"窗口中，选择"个性化"，即可进入个性化设置窗口，如图 2-48 所示。在左侧导航列表中选择"背景"选项，然后在右侧窗口中选择适当的图片，即可完成桌面背景的修改。

在"个性化"设置窗口，还可以进一步修改系统颜色、锁屏界面、主题、字体等。

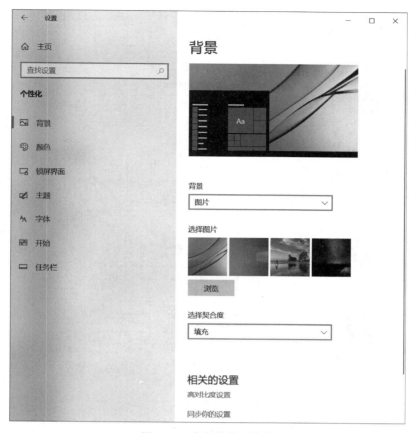

图 2-48　自定义桌面背景

2. 修改显示分辨率

在"Windows 设置"窗口中,选择"系统",即可进入系统设置窗口,如图 2-49 所示。在左侧导航列表中选择"显示"选项,然后在右侧窗口中选择适当的显示分辨率,即可完成显示分辨率的修改。

3. 修改系统时间

在"Windows 设置"窗口中,选择"时间和语言",即可进入时间和语言设置窗口,如图 2-50 所示。在左侧导航列表中选择"日期和时间"选项,然后在右侧窗口中可以进一步选择自动设置时间或手动设置日期和时间。

4. 卸载应用程序

在"Windows 设置"窗口中,选择"应用",即可进入应用设置窗口,如图 2-51 所示。在左侧导航列表中选择"应用和功能"选项,然后在右侧窗口中即可查看系统中已经安装好的应用程序。在下方功能列表中,选择需要卸载的程序,然后单击"卸载"按钮,即可卸载应用程序。

5. Windows 更新设置

在"Windows 设置"窗口中,选择"更新和安全",即可进入更新和安全设置窗口,如图 2-52 所示。在左侧导航列表中可以选择"Windows 更新"选项,然后在右侧窗口中可以修改是否需要启动自动更新,以及安装 Windows 更新的时段等。

2.5.2　控制面板的使用

控制面板是用来进行系统设置和设备管理的工具集,它具有更多、更全面的系统设置工具。打开控制面板的常用方法:

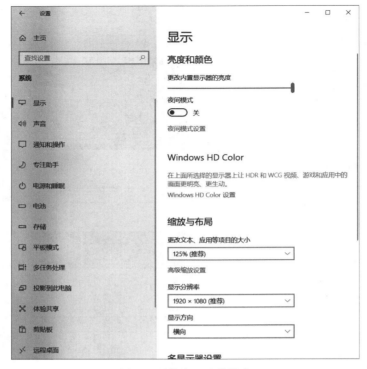

图 2-49　修改显示分辨率

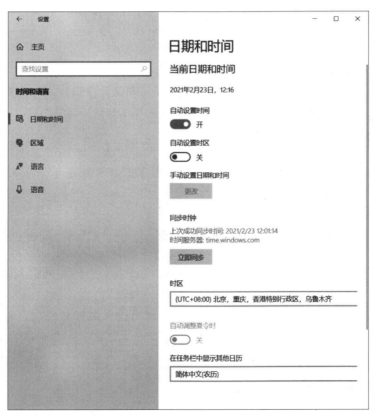

图 2-50　修改系统时间

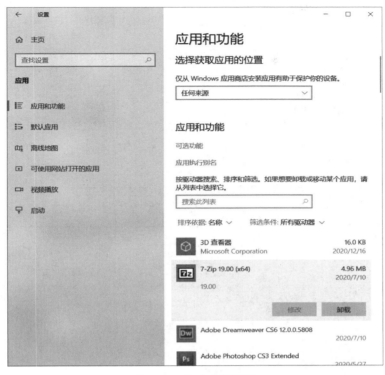

图 2-51　卸载应用程序

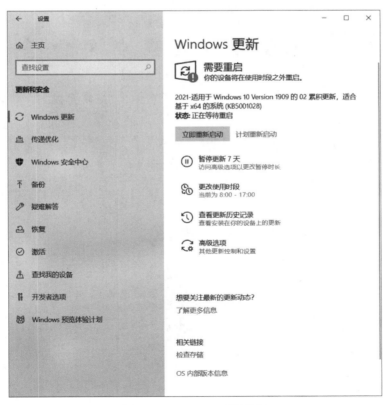

图 2-52　Windows 更新设置

（1）打开"开始"菜单，在所有程序列表中找到"Windows 系统"下的"控制面板"命令，单击即可打开控制面板窗口，如图 2-53 所示。

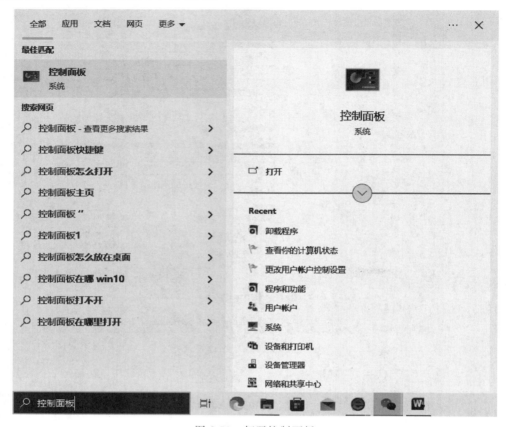

图 2-53　打开控制面板

（2）使用 Windows 的搜索功能，搜索"控制面板"，单击"控制面板"命令，即可打开窗口，如图 2-54 所示。

图 2-54　控制面板窗口

用户通过右上角的查看方式,将查看方式修改为"小图标",即可看到所有控制面板小窗口,如图 2-55 所示。

图 2-55　控制面板修改为"小图标"后界面

1. 用户账户设置

在控制面板窗口,选择"用户账户",进入"用户账户"窗口,如图 2-56 所示,即可查看到更改账户名称、更改账户类型、管理其他账户等设置命令。

图 2-56　用户账户设置

2. 查看计算机系统的基本信息

在控制面板窗口,选择"系统",即可进入"系统"窗口,在窗口右侧可以查看有关计算机的基本信息,如系统版本、处理器、内存、计算机名等,如图 2-57 所示。

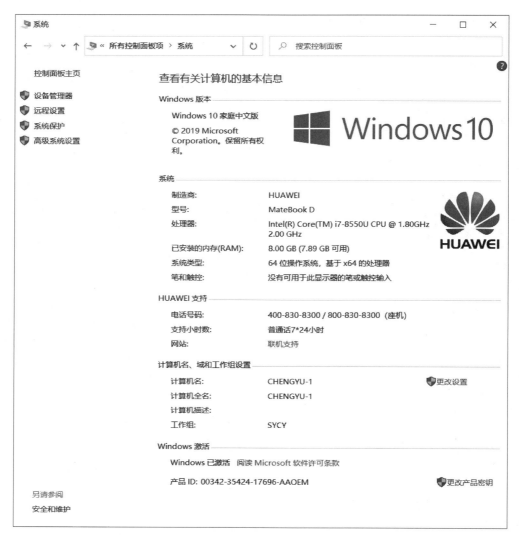

图 2-57　查看计算机系统基本信息

2.6　Windows 10 的系统工具和常用工具

1. 记事本

记事本是 Windows 中常用的一种简单的文本编辑器,用户经常用它编辑一些格式要求不高的文本文档,记事本生成的文件一般为纯文本文件(.txt),即只有文字和标点符号,没有格式。

记事本程序的打开方法:打开"开始"菜单,在所有程序列表中选择"Windows 附件",然后选择"记事本",即可打开记事本程序,如图 2-58 所示。

2. 计算器

Windows 系统自带一款强大的计算器工具,它有多种基本操作模式:基本型、科学型、程序员型等,单击左上角的模式切换按钮,即可进行多种模式的切换。

计算器工具的打开方法:打开"开始"菜单,在所有程序列表中选择"Windows 附件",然后选择"计算器",即可打开计算器程序,如图 2-59 所示。

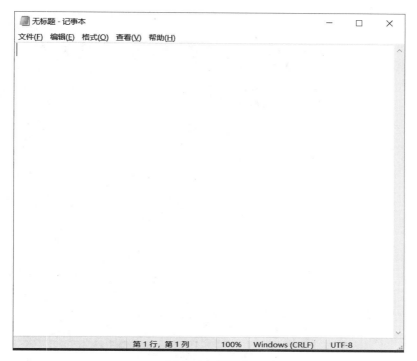

图 2-58　记事本

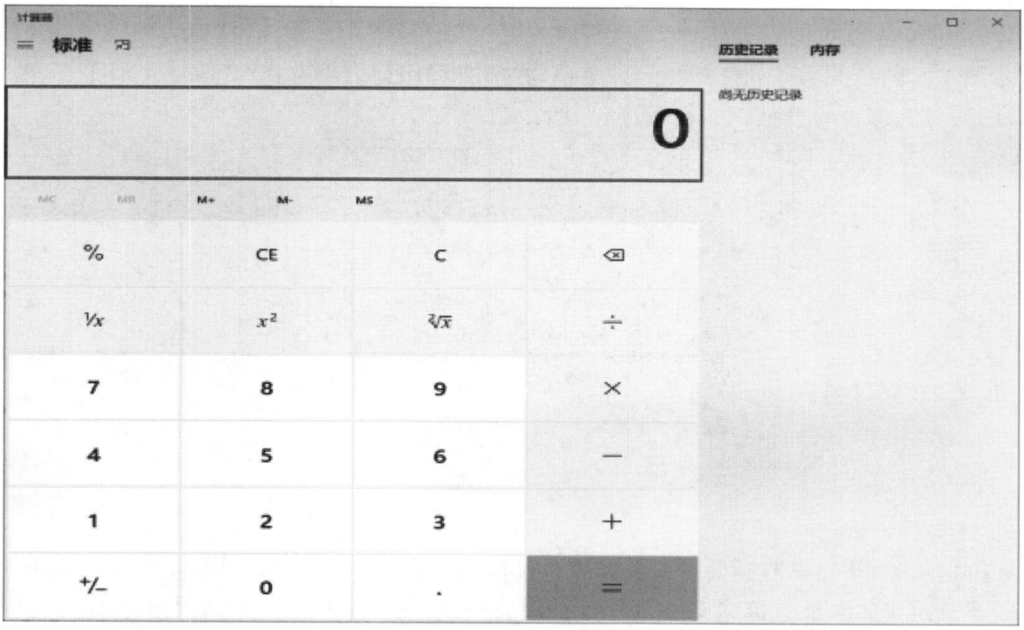

图 2-59　计算器

3. 画图

　　Windows 系统自带的画图工具是一款非常实用的图像工具，可以实现绘制图形、编辑图片等。

　　画图工具的打开方法：打开"开始"菜单，在所有程序列表中选择"Windows 附件"，然后选择画图，即可打开画图程序，如图 2-60 所示。

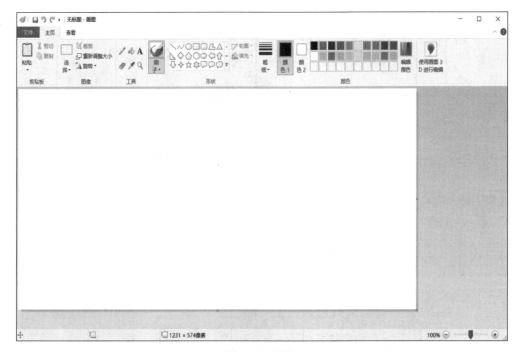

图 2-60　画图

4．截图

Windows 自带的截图工具简单易用。

截图工具的打开方法：打开"开始"菜单，在所有程序列表中选择"Windows 附件"，然后选择"截图工具"，即可打开截图工具程序，如图 2-61 所示。

图 2-61　截图

5．任务管理器

Windows 任务管理器提供了有关计算机性能的信息，并显示了计算机上所运行的程序和进程的详细信息；如果连接到网络，那么还可以查看网络状态并迅速了解网络是如何工作的。

任务管理器的打开方法：在任务栏位置按鼠标右键，从弹出的快捷菜单中选择"任务管理器"命令，或者使用组合键 Ctrl＋Shift＋Esc。界面如图 2-62 所示。

6．Windows 10 的搜索工具

Windows 10 提供了强大的搜索工具，利用它可以搜索系统中提供的程序和用户自己安装的应用程序。

搜索工具的打开方法：首先打开"开始"菜单，然后输入需要搜索的程序名称，即可完成搜索，如图 2-63 所示。

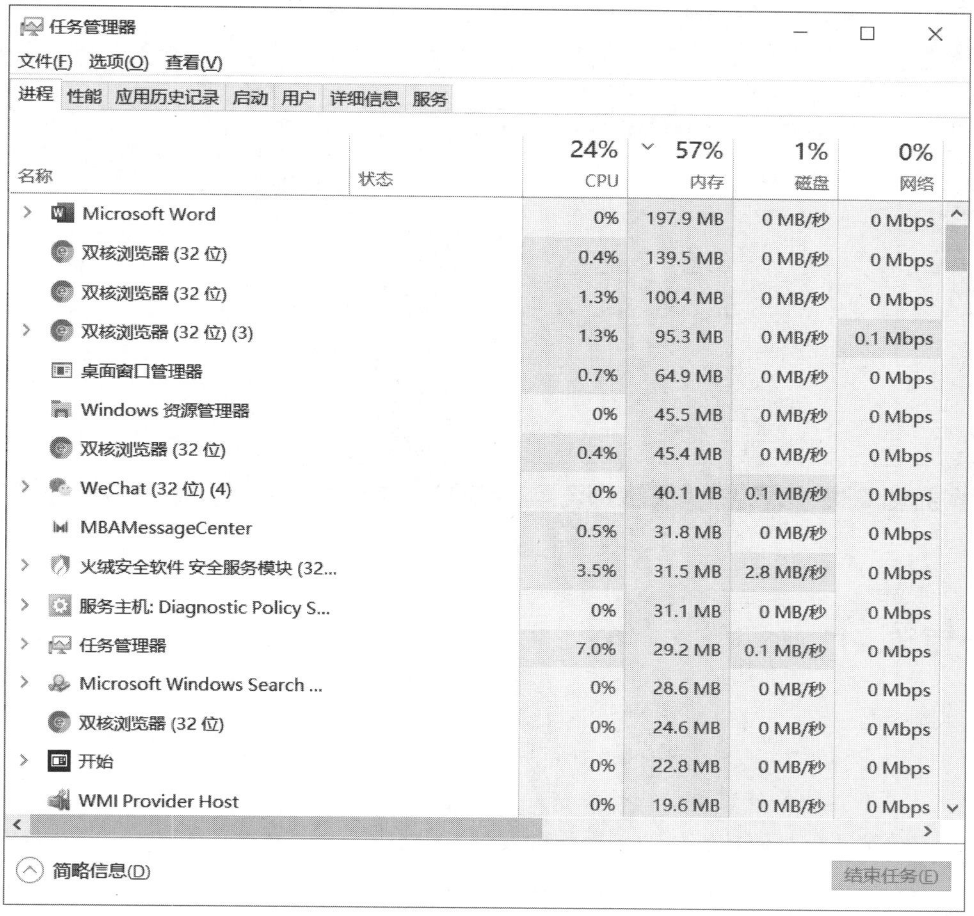

| 任务管理器 | | | — | □ | × |

文件(F)　选项(O)　查看(V)

进程　性能　应用历史记录　启动　用户　详细信息　服务

名称	状态	24% CPU	57% 内存	1% 磁盘	0% 网络
> W Microsoft Word		0%	197.9 MB	0 MB/秒	0 Mbps
@ 双核浏览器 (32 位)		0.4%	139.5 MB	0 MB/秒	0 Mbps
@ 双核浏览器 (32 位)		1.3%	100.4 MB	0 MB/秒	0 Mbps
> @ 双核浏览器 (32 位) (3)		1.3%	95.3 MB	0 MB/秒	0.1 Mbps
桌面窗口管理器		0.7%	64.9 MB	0 MB/秒	0 Mbps
Windows 资源管理器		0%	45.5 MB	0 MB/秒	0 Mbps
@ 双核浏览器 (32 位)		0.4%	45.4 MB	0 MB/秒	0 Mbps
> WeChat (32 位) (4)		0%	40.1 MB	0.1 MB/秒	0 Mbps
MBAMessageCenter		0.5%	31.8 MB	0 MB/秒	0 Mbps
> 火绒安全软件 安全服务模块 (32...		3.5%	31.5 MB	2.8 MB/秒	0 Mbps
> 服务主机: Diagnostic Policy S...		0%	31.1 MB	0 MB/秒	0 Mbps
> 任务管理器		7.0%	29.2 MB	0.1 MB/秒	0 Mbps
> Microsoft Windows Search ...		0%	28.6 MB	0 MB/秒	0 Mbps
@ 双核浏览器 (32 位)		0%	24.6 MB	0 MB/秒	0 Mbps
> 开始		0%	22.8 MB	0 MB/秒	0 Mbps
WMI Provider Host		0%	19.6 MB	0 MB/秒	0 Mbps

∧ 简略信息(D)　　　　　　　　　　　　　　　　　　结束任务(E)

图 2-62　任务管理器

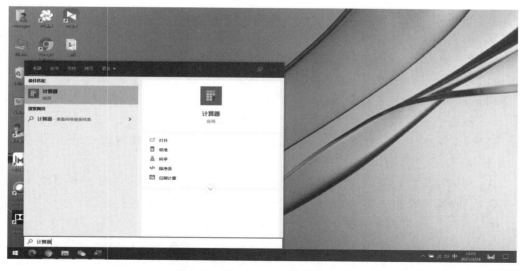

图 2-63　Windows 10 的搜索工具

　　如果需要使用截图工具,可以在"开始"菜单中,直接输入"截图",即可在最佳匹配区域中查看到截图工具,如图 2-64 所示。

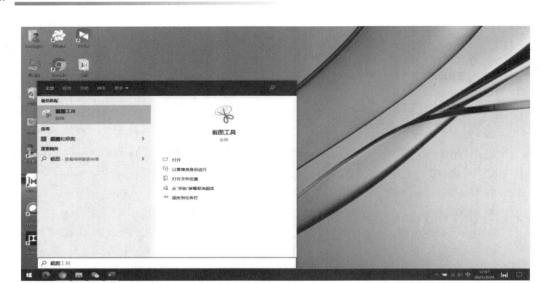

图 2-64　截图工具

思考与练习

一、选择题

1. 下面有关计算机操作系统的叙述中,_____是正确的。

    A. 操作系统是计算机的操作规范

    B. 操作系统是使计算机便于操作的硬件

    C. 操作系统是便于操作的计算机系统

    D. 操作系统是管理系统资源的软件

2. 下面有关 Windows 系统的叙述中,正确的是_____。

    A. Windows 文件夹与 DOS 目录的功能完全相同

    B. 在 Windows 环境中,安装一个设备驱动程序,必须重新启动后才起作用

    C. 在 Windows 环境中,一个程序没有运行结束就不能启动另外的程序

    D. Windows 是一种多任务操作系统

3. 对话框和窗口的区别是对话框_____。

    A. 标题栏下面有菜单　　　　　　　　B. 标题栏上无最小化按钮

    C. 可以缩小　　　　　　　　　　　　D. 单击最大化按钮可放大到整个屏幕

4. Windows 操作具有_____的特点。

    A. 先选择操作对象,再选择操作项　　B. 先选择操作项,再选择操作对象

    C. 同时选择操作对象和操作项　　　　D. 把操作项拖到操作对象上

5. 按_____键可以在已打开的几个应用程序之间切换。

    A. Alt＋Esc　　　　B. Alt＋Shift　　　　C. Ctrl＋Esc　　　　D. Ctrl＋Tab

6. "资源管理器"中"文件"菜单的"复制"选项可以用来复制_____。

    A. 菜单项　　　　　B. 文件夹　　　　　C. 窗口　　　　　　D. 对话框

7. 在 Windows 中,若同时对几个不连续的文件进行相同的操作,首先要选择这几个不连续的文件。在选择时,可先单击其中的一个文件,然后按_____键,再用鼠标单击其他几个

要进行操作的文件,则这些文件被选中。

    A. Ctrl   B. Shift   C. Alt   D. Tab

8. 在 Windows 中,经常使用快捷键,表示复制的快捷键是_____。

    A. Ctrl+X   B. Ctrl+C   C. Ctrl+V   D. Ctrl+E

二、简答题

1. 什么是操作系统? 操作系统有哪些主要功能?

2. 常用的操作系统有哪些?

3. Windows 有哪些主要操作? 如何实现这些操作?

4. 如何实现文件的复制、移动和删除?

5. 设置屏幕保护程序的步骤是什么?

6. 如何查看所使用计算机的配置?

7. 如何添加和删除应用程序?

第3章

Word 2016文字处理软件

Word 2016 是一款文字处理软件，Word 文档编辑器是 Microsoft Office 办公系列软件中的一个重要组成部分。它除了可以用来编排文档，如处理文字的录入、修改和输出，还可以创建表格、处理图形、美化文档和创建艺术字等，升级后的功能可通过浏览器在线分享文档，与他人协同工作并可在任何地点访问文件，能方便高效地组织和编辑文档。

3.1 Word 2016 基本操作

Word 2016 是目前最流行的文字处理软件，本节将简要介绍中文 Word 2016 的一些入门知识，为系统地学习这个软件打下基础。

3.1.1 Word 2016 的启动与退出

1. Word 2016 的启动

Word 2016 的启动可以通过以下几种方式之一完成。

（1）用快捷方式启动。在桌面上直接双击 Microsoft Office Word 2016 快捷图标。

（2）单击桌面上的"开始"菜单，在"W"菜单项中，选中 Word 2016 命令单击，即可启动 Word 2016 程序。

（3）通过用户文件启动。双击 Word 文档启动相应 Word 程序。

2. Word 2016 的退出

退出 Word 2016 可以用以下方法。

（1）选择"文件"→"关闭"命令。

（2）右击任务栏中的程序图标，在弹出的快捷菜单中选择"关闭"命令。

（3）单击窗口右上角的关闭按钮。

（4）使用系统提供的快捷键，即按 Alt＋F4 键，实现退出 Word 2016。

退出 Word 2016 时，如果更改的文档没有保存，系统会自动弹出保存文档对话框，让用户确定是否保存该文件，如图 3-1 所示，用户输入所需要的文件名即可保存当前文件。

3.1.2 Word 2016 的窗口操作

启动 Word 2016 文档编辑器后，可以打开 Word 2016 工作界面，如图 3-2 所示。

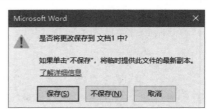

图 3-1　保存文档对话框

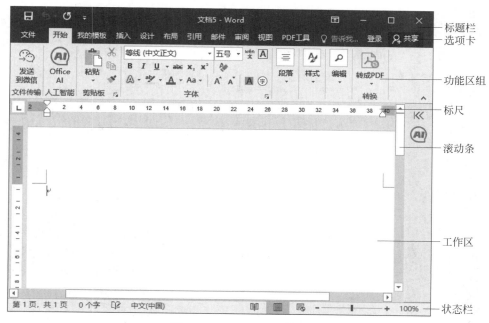

图 3-2　Word 2016 工作界面

1. 标题栏

"标题栏"位于窗口的顶端,用来显示当前窗口的名称和程序图标。如果当前文档尚未被命名,则 Word 会自动以"文档 1""文档 2"等临时文件名来为当前文件命名。右侧包括"最小化""最大化"和"关闭"3 个按钮。

2. 选项卡

选项卡包括"文件""开始""插入""设计""布局""引用""邮件""审阅""视图",涵盖了用于 Word 文件管理和正文编辑的所有命令。单击任意一个选项卡可以进入相应的功能区。

(1)文件:执行与文件有关的操作,包括文件的打开、保存、打印等,如图 3-3 所示。

(2)开始:实现对已有文本的编辑、查找、替代和连接,如图 3-4 所示。

(3)插入:在 Word 文档中插入各种类型的元素,如图 3-5 所示。

(4)设计:对文档格式、页面背景等进行定义,如图 3-6 所示。

(5)布局:提供在制作文档过程中的一些实用工具,如页面的设置、段落、排列,如图 3-7 所示。

(6)引用:对 Word 中插入目录、索引、脚注、题注等元素的编辑,如图 3-8 所示。

(7)邮件:用于邮件的创建、合并等操作,如图 3-9 所示。

(8)审阅:可实现对文档的校对、批注、修改等操作,如图 3-10 所示。

(9)视图:用于设置 Word 操作窗口的视图类型,如图 3-11 所示。

3. 标尺

"标尺"位于文档窗口的左边和上边,分别为"水平标尺"和"垂直标尺"。其作用是:查看正文宽度,设定左右界限、首行缩进位置和制表符的位置,实现一些段落格式化的功能。

4. 滚动条

如果文本过大,无法完全显示在文档中,则可利用水平或垂直滚动条来查看整个文本。垂直滚动条用于上下滚动文档,水平滚动条用于左右滚动文档。

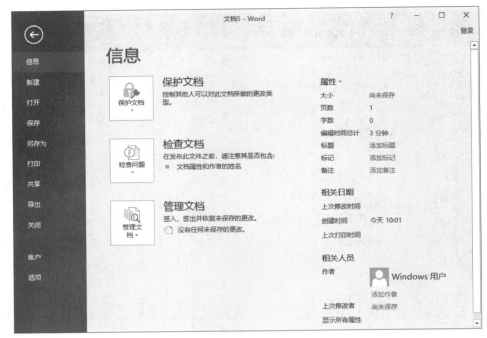

图 3-3 "文件"选项卡

图 3-4 "开始"选项卡

图 3-5 "插入"选项卡

图 3-6 "设计"选项卡

图 3-7 "布局"选项卡

图 3-8 "引用"选项卡

图 3-9　"邮件"选项卡

图 3-10　"审阅"选项卡

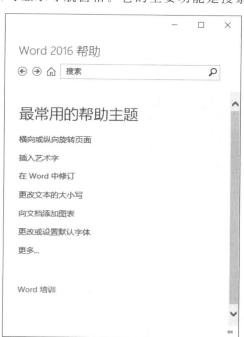

图 3-11　"视图"选项卡

5．工作区

工作区是 Word 2016 窗口中的主要组成部分，位于窗口的中间位置，用于编辑和处理文本的区域。在工作区中有一个闪烁的光标，在光标处可以输入文本。

6．对话框启动器

对话框启动器是各功能区组中的一些小图标 ，单击它们可以打开相关的对话框或任务对话框，提供与该组相关的更多选项。

7．导航窗格

在"视图"选项卡"显示"组中勾选"导航窗格"，可显示导航窗格。它的主要功能是搜索当前文档中的内容，并可方便地浏览文档中的标题、页面、搜索结果等信息。用户始终都可以知道自己在文档中的位置，并且查找字词、表格和图形等，有利于提高工作效率。

8．状态栏

"状态栏"位于窗口的底部，用于显示当前文档的编辑状态和位置信息，如页数、节数、光标所在页的行列数等。也显示了一些特定命令的工作状态，如录制宏、修订、扩展、改写和当前所使用的语言。提供文档视图切换按钮、显示比例按钮和调节显示比例控件等。

3.1.3　Word 2016 帮助的使用

用户在使用 Word 时，如遇到困难，可以打开帮助。按 F1 键，可以打开"帮助"对话框，如图 3-12 所示。

图 3-12　"帮助"对话框

3.2　文档编辑

3.2.1　Word 2016 文档的建立、打开和保存

创建文档,通常遵循:"建立文档"→"页面设置"→"输入编辑"→"格式化"→"打印预览"→"打印保存文档"→"关闭"步骤。其中,"页面设置"可根据实际情况,在输入前或输入后均可以使用。"保存文档"可以在文档的编辑过程中任何时候进行,并且要养成随时对修改编辑的文档进行保存的习惯。

1. 文档的建立

启动 Word 2016 时,首先进入如图 3-13 所示的界面。用户可以选择已安装的模板,或单击"空白文档",在编辑区输入文本即可。在编辑过程中,若希望再建新的文档,可单击"文件"→"新建",打开如图 3-13 所示的窗口。

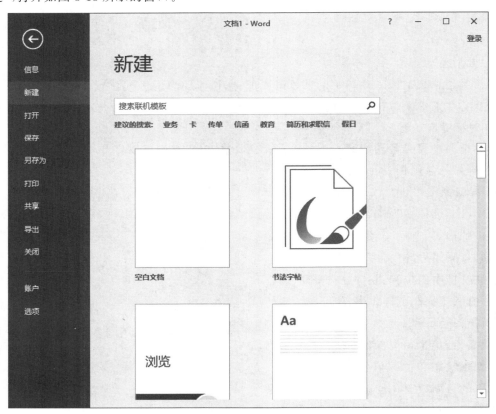

图 3-13　"新建文件"窗口

2. 文档的打开

文档的打开有多种方式,常用的有以下几种。

(1) 启动 Word 2016 后,选择窗口左侧"最近使用的文档"列表中的文件并单击进入。

(2) 启动 Word 2016 后,单击窗口左侧下面"打开其他文档"。

(3) 在编辑状态下,选择"文件"→"打开"命令。

3. 文档的保存

在文档编辑过程中,要注意每隔一段时间对文档保存一次。默认 Word 文档的文件类型

是.docx。保存文档的操作步骤：

（1）选择"文件"→"保存"命令，或单击常用工具栏中的"保存"按钮，也可以使用组合键Ctrl＋S。首次保存文件时，需选择"文件"→"另存为"命令，打开"另存为"对话框，如图 3-14所示。

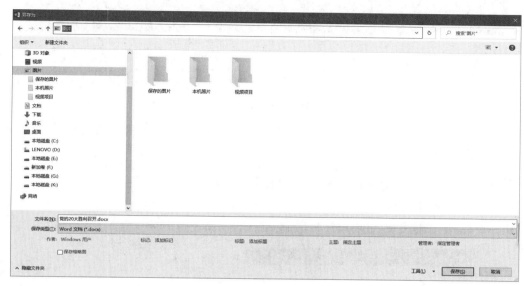

图 3-14　"另存为"对话框

（2）选择文件的保存位置。

（3）在"文件名"文本框中输入文档的名称。若不输入，Word 会以文档开头的第一个句子作为文件名进行保存。

（4）在"保存类型"下拉列表框中选择文件的保存格式。

（5）单击"保存"按钮完成文档保存操作。

3.2.2　Word 2016 的视图

1. 视图方式

在 Word 2016 中，视图方式可以分为 5 种：页面视图、阅读版式、大纲视图、Web 版式和草稿视图。

（1）页面视图。页面视图是 Word 2016 中的默认视图模式。除了能够显示普通视图方式所能显示的所有内容之外，还可以查看、编排页码，也可以设置页眉和页脚，看到图、文的排列格式，其显示效果与最终打印出来的效果相同，适合进行绘图、插入图表和一些排版操作。

（2）阅读版式。阅读版式的最大特点是便于用户阅读操作。模拟书本阅读方式，让用户感觉是在翻阅书籍，能将相连的两页显示在一个版面上。与其他视图相比，阅读视图字号变大，行长度变短，页面适合屏幕，使视图看上去更加明了，字迹更加清晰。

（3）大纲视图。大纲视图将所有的标题分级显示出来，层次分明，适用于较多层次的文档，如报告文体和章节排版等，包括正文文本和大纲文本两种。

（4）Web 版式。文档在 Web 版式视图中的显示与在浏览器中的显示完全一致，用户可以编辑用于网站发布的文档。

（5）草稿视图。草稿视图取消了页面边距、分栏、页眉和图片等，仅显示文档中的标题和正文，便于快速编辑。

2．视图的设置

（1）网格线、标尺和导航窗格的设置。单击"视图"选项卡，选择"显示"选项组的相应功能，实现网格线、标尺和导航窗格的隐藏或显示，如图 3-15 所示。

图 3-15   网格线、标尺和导航窗格的设置

（2）文档显示比例的设置。单击"视图"选项卡，选择"显示比例"选项组的相应功能，实现文档显示比例的设置，如图 3-16 所示。

3.2.3   在快速访问工具栏添加常用命令

1．添加常用命令按钮

在标题栏，单击■按钮，可以添加常用命令按钮，如图 3-17 所示。

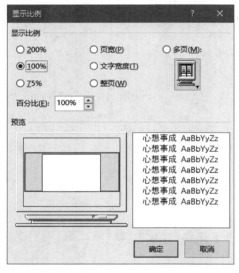

图 3-16   显示比例的设置   图 3-17   添加常用命令按钮

2．添加选项面板中功能按钮

打开需要添加功能按钮的选项面板，选择需要添加的命令，即可完成添加。

3．自定义功能区的设置

向"快速访问工具栏"中添加"打开"快捷键，操作如下：

（1）选择"文件"→"选项"→"快速访问工具栏"命令，打开快速访问工具栏对话框，如图 3-18 所示。

（2）在"从下列位置选择命令"下拉列表中选择"常用命令"。

（3）从要添加的快速访问工具栏的命令列表中选择"打开"。

（4）单击"添加"按钮。

（5）单击"确定"按钮，则"打开"快捷键将被添加到"快速访问工具栏"中。

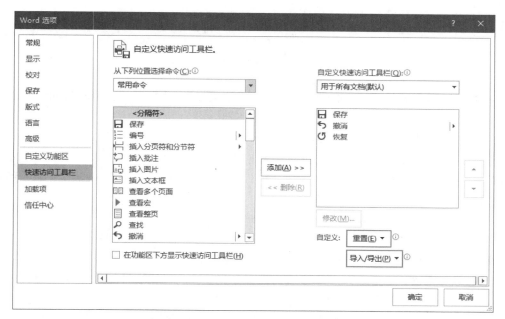

图 3-18　自定义功能区的设置

3.2.4　文档的基本输入操作

1. 定位操作

文档编辑前，首先要定位光标，可以采用以下方法：

（1）用光标控制键定位光标。

（2）用鼠标定位光标。

（3）利用导航窗格中的"标题"和"页面"选项卡定位光标。

（4）选择"开始"→"编辑"→"查找"→"转到"命令实现光标的定位。

2. 中、英文的输入

Word 2016 支持输入常见字母、汉字、数字、符号，以及分割符、页码、日期和时间、图片、公式等。打开 Word 后，所有针对文档的输入均在文档窗口中操作。用户可以将光标定位到文档中的任意位置，利用键盘和各种中、英文输入法，以及通过中、英文切换功能实现文字录入。在录入的过程中可遵循如下原则：

（1）输入中、英文进行纯录入的操作，不要考虑文档的排版效果。

（2）所有格式一律用排版命令实现，只有在必要时（如英文单词之间）加入空格符。

（3）正文编辑不用回车键，录入满一行后，系统会自动换行，只有当一个段落结束时，才需要按回车键。

3.2.5　文档的基本编辑操作

1. 文本的选定

输入文字后，要想对输入的内容进行编辑操作，如删除、复制、移动文本，首先要对这段文字进行选定操作。在 Word 中，可以通过鼠标拖动来选定文本，也可以通过键盘来选定文本；可以选定一个字、一个词、一句话，也可以选定整行、一个段落、一块不规则区域中的文本。在工作区中，有一个"Ⅰ"形光标。在 Word 中，用户可以通过这个光标来选定文本。操作步骤如下：

（1）将光标移到待选定文本的起始位置。

（2）将鼠标左键按住不放并水平拖动鼠标，在光标经过的地方将会出现一片黑色的阴影，其中的文本将以高亮显示。如果用键盘操作，则按住 Shift 键，然后按 ↑、↓、←、→ 方向键移动光标。

（3）当光标移动到选定文本的结束位置时，释放鼠标键（或松开 Shift 键）即可。选中的文本将反白显示。

此外，还可以用如下方法选定文本。

（1）选择单个词语：将光标定位在词的中间，双击。

（2）选择一行文本：将光标移动到要选中行的左侧，当鼠标指针变成指向右上方的箭头"⊿"形状时，单击即可选定。

（3）选择一句话：按下 Ctrl 键，然后单击该句中的任何位置。

（4）选择一个段落：将鼠标指针移动到该段落的左侧，直到指针变成指向右上方的箭头"⊿"形状时双击，并向上或向下拖动鼠标到该段落结束。

（5）选择多个段落：将鼠标指针移动到该段落的左侧，直到指针变成指向右上方的箭头"⊿"形状时双击，并向上或向下拖动鼠标，完成多个段落的选择。

（6）选择一大块文本：单击要选定内容的起始处，然后滚动到要选定内容的结尾处，在按下 Shift 键的同时单击。

（7）选择不连续文本：选中一段文本后，按下 Ctrl 键，再选择其他文本。

（8）选择垂直文本：将鼠标指针移动到要选定内容的起始处按下鼠标，然后按住 Alt 键不放并拖动鼠标选取即可。

（9）选择全文：将鼠标指针移动到文档中任意正文的左侧，直到指针变成指向右上方的箭头"⊿"形状时单击；也可以按下组合键 Ctrl＋A。

2．文本的插入、删除和修改

在编辑文本过程中，经常需要对文本中的内容进行修改，如改写、插入等。

（1）插入文本：将光标定位在准备插入文本的位置，直接输入准备插入的文本即可。

（2）删除文本：将光标移动到准备删除的文本的右侧，按下 Backspace 键即可。

（3）改写文本：将光标移动到准备修改的文本的左侧，按下 Del 键，就可以将光标右侧的字符删除，再输入正确的文字；也可以选定准备修改的文本，在反白显示的状态下直接修改。

3．文本的移动和复制

在输入文本时，经常会输入重复性的内容，为简便起见，可以利用复制粘贴的功能；同时还会遇到将已输入的文本移动至另一个地方的情况，即移动文本。二者的区别在于移动文本是移动文本存储的位置，原位置将不再显示被移动的文本的内容；而复制文本是原文内容在进行复制操作后仍然显示。

1）复制粘贴文本

在文档中选择准备复制的文本，右击，从弹出的快捷菜单中选择"复制"命令；或者选择"开始"→"复制"命令；或者使用 Ctrl＋C 快捷键完成复制。

再将光标定位在目标位置上，右击，从弹出的快捷菜单中选择"粘贴"命令；或者选择"开始"→"粘贴"命令；或者使用 Ctrl＋V 快捷键完成粘贴。

2）移动文本

在文档中选择准备移动的文本，右击，从弹出的快捷菜单中选择"剪切"命令；或者选择"开始"→"剪切"命令；或者使用 Ctrl＋X 快捷键完成剪切。再利用上述方法粘贴完成文本的移动。

4. 查找与替换

在编辑文档时,经常需要对内容进行成批修改,通过查找与替换功能可以将文档中的某个字、词或特殊字符(如段落标记、任意字母、短画线、换行字符、空格等)、格式、样式等替换成另外一种对象,使用这种功能精确地找到并替换所有对象,极大地提高了文档的编辑效率、准确度并保证无遗漏。查找和替换操作步骤如下:

(1)选择"开始"→"查找"命令,打开"查找和替换"对话框。

(2)在"查找内容"文本框中输入要查找的字符,然后在"替换为"文本框中输入要替换的字符。

(3)单击"替换"按钮或"全部替换"按钮。

在使用查找功能时,可以设置搜索方向,指定区分大小写、全字匹配或区分全/半角等选项;也可以使用通配符帮助查找。常用通配符的含义如表 3-1 所示。

表 3-1 常用通配符的含义

通配符	含 义	通配符	含 义
?	任意单个字符	<	单词的起始
*	任意字符串	>	单词的结尾
@	前面出现一次或一次以上的字符	[ ]	指定的字符之一

对于一些特殊字符或标记,就需要使用高级的查找和替换。在"查找和替换"对话框的高级形式中,单击"特殊字符"按钮,在弹出的菜单中单击如段落标记、任意数字、任意字母、分栏符、分节符等,以进行查找。

对于文本格式替换的需求,可以在"查找和替换"对话框的高级形式中,单击"格式"按钮,在弹出的菜单中单击"字体"或"段落"等,再在相应的对话框中指定格式。

5. 撤销、恢复与重复

在进行文档编辑时,难免会出现输入错误,或对文档的某一部分内容不太满意,或在排版过程中出现误操作的情况。Word 2016 提供了撤销、恢复与重复功能。撤销和恢复是相对应的,撤销是取消上一步的操作,而恢复就是将撤销的操作再重新进行。

(1)若要撤销前面的移动或复制操作,需要单击快速工具栏中的"撤销" 按钮或按 Ctrl+Z 键,即可恢复到移动或复制前的状态。如果要重复前一次操作,可以单击快速工具栏中的"重复键入" 按钮或按 Ctrl+Y 键。

(2)执行了"撤销"命令后,"恢复"按钮将变为可用状态。此时用户若要恢复本次撤销操作,可单击"恢复"按钮或按 Ctrl+Y 键。

6. 拼写和语法

在输入文本时,会经常出现一些拼写或语法的错误。

使用"拼写和语法"的方法是:选择"审阅"选项面板,单击"校对"选项组中的"拼写和语法"按钮,按窗口提示操作,系统会从当前位置开始进行拼写和语法检查。

7. 字数统计

利用字数统计功能,可以统计选择区域或当前文档的字数。

方法是:首先选择需要统计的区域,单击"审阅"选项面板中的"字数统计"按钮,将显示出"字数""字符数"等统计信息。

8. 批注与修订

1)批注

利用批注功能,可以在文本中添加文字注解,说明对文档内容的建议、观点。

　　方法是：选定插入批注的对象，单击"审阅"选项面板，在"批注"选项组中单击"新建批注"按钮，并按提示操作。

2）修订

　　修订是将文档中每次修改的记录标注出来，让文档初始内容得以保存，同时，标记由多位审阅者对文档所做的修改，方便跟踪多人修改的情况。

　　单击"审阅"选项面板，选择"修订"选项组。可以通过"显示标记"按钮，显示标记属性；通过"对话框启动器"按钮，设置修订的显示属性。

　　使用"修订"的方法是：在"审阅"选项面板中，选择"修订"选项组，单击 按钮，激活修订状态，进行编辑操作，可显示修订标记。

　　在 Word 文档中为了区别不同用户加入的批注，系统会自动在批注左侧加入作者姓名，可以通过"对话框启动器"按钮 弹出的对话框，更改用户名。

　　单击"审阅"选项面板，选择"更改"选项组，利用 和 按钮，确定接受或删除修订的结果。

3.3　文档格式设置

3.3.1　字符外观的设置

　　一篇编排赏心悦目的文章，通常会根据内容不同而使用不同字体、字形、字号、颜色等，从而增加其层次感。Word 2016 提供了"格式"工具栏，设置一些简单的字符格式。设置格式可使用"开始"选项卡。

1. 设置字符格式

　　在 Word 2016 中，默认的中文字体为"宋体"，可以根据排版需要改变字体格式。

　　方法是：选中文本，打开"开始"选项卡，选择"字体"选项组，根据需要进行字体、字号的设置。

　　将光标移到"字体"选项组的各功能按钮上，可以看到该按钮功能的注释。单击"字体"选项组右下方的"对话框启动器"按钮，可以对文字进行更多的设置。通过"字体"选项卡的选项可以设置默认字体，如图 3-19 所示。通过"高级"选项卡的选项可以设置字符间距、缩放、位置等，如图 3-20 所示。

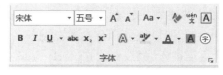

图 3-19　设置字符格式

2. 设置上、下标

　　在字符需要输入上下标时，先单击"上标" x^2（或"下标" x_2）按钮，然后输入上（下）标字符，再次单击该按钮，即恢复到正常输入状态。

3. 设置字符颜色

　　选择要设置颜色的字符，单击"字体颜色"按钮 ，选择需要的颜色即可。

4. 设置带圈文字

　　带圈文字是指给文字外围加一个圆圈。操作方法是：选定文字，选择"开始"→"带圈字符"命令 ，根据需要选择对话框功能，单击"确定"按钮。

5. 给文字添加拼音

　　选定文字，选择"开始"→"拼音指南"命令 ，单击"确定"按钮。

图 3-20　"高级"选项卡

6. 信息检索

该功能可以实现对文档中的字、词等进行检索，通过网络查找所选的字、词的相关信息，如概念解释、中英文翻译和包含此关键字的信息等。操作方法是：选定文字，选择"审阅"→"语言"→"翻译"命令，再根据需要实现检索功能。

3.3.2　段落格式的设置

在 Word 2016 中，段落是一个文档的基本组成单位，是指文本、图形、对象或其他项目等的集合，以按回车键为结束标记。Word 2016 可以快速方便地设定或改变每段落的格式，其中包括段落对齐方式、缩进设置、分页、段落与段落的间距，以及段落中各行的间距等，段落格式设置使用"段落"选项组。

操作方法是：选中文本，打开"开始"选择卡，选择"段落"选项组，根据需要进行格式设置，如图 3-21 所示。

图 3-21　"段落"选项组

将光标移到"段落"选项组的功能按钮上，可以看到该按钮功能的注释。单击"段落"选项组右下方的"对话框启动器"按钮，通过"缩进和间距""换行和分页""中文版式"三个选项卡，可以对段落进行更多的设置，如图 3-22～图 3-24 所示。

1. 设置对齐方式

段落文本的对齐方式包括左对齐、居中、右对齐、两端对齐和分散对齐等。

具体操作方法是：选中文本，选择"开始"→"段落"选项组，单击所需功能的按钮。

图 3-22 "缩进和间距"选项卡

图 3-23 "换行和换页"选项卡

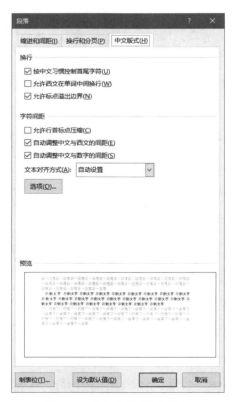

图 3-24 "中文版式"选项卡

2. 设置缩进方式

段落缩进是指文本与页边距之间保持的距离。缩进方式包括左缩进、右缩进、首行缩进和悬挂缩进 4 种方式。

通过标尺可以直观地设置段落的缩进距离。Word 2016 标尺栏上有 4 个小滑块，它们分别对应着 4 种段落缩进方式，如图 3-25 所示。

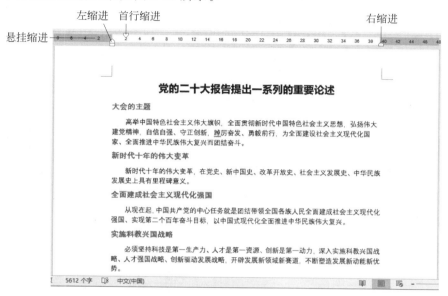

图 3-25　缩进标记

（1）左缩进，调整当前段或选定各段左边界缩进的位置。

（2）右缩进，调整当前段或选定各段右边界缩进的位置。

（3）首行缩进，调整当前段或选定各段首行缩进的位置。

（4）悬挂缩进，调整当前段或选定各段首行以外各行缩进的位置。

方法是：用标尺直接设置；也可以选择"开始"→"段落"选项组，单击所需功能的按钮 ⇤⇥ 实现段落缩进。

3. 设置行间距

行间距是指文本中行与行之间的距离。方法是：选择"开始"→"段落"选项组，单击"行和段落间距"按钮 ↕⁻，在弹出的菜单中选择需要的参数。

3.3.3　项目符号和编号设置

为了便于阅读和理解，通常需要为文档的相关部分添加项目符号或为列表添加项目编号。Word 2016 可以通过"项目符号""编号""多级列表"3 个选项实现该功能，如图 3-26～图 3-28 所示。

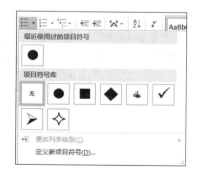

图 3-26　"项目符号"列表

具体操作方法是：选择"开始"→"段落"选项组，单击"项目符号"（"编号"或"多级列表"）按钮，在弹出的窗口中选择需要的选项。

3.3.4　首字下沉

首字下沉是在报刊或杂志中所经常见到的，起到了使文档醒目的作用，从而达到强化的特

图 3-27 "编号"列表

图 3-28 "多级列表"列表

图 3-29 首字下沉

殊效果。具体操作方法是：定位光标，单击"插入"选项卡，选择"文本"选项组，单击"首字下沉"按钮 A⬚，如图 3-29 所示。用户可以通过"首字下沉选项"，设置首字下沉的位置、下沉行数等选项。

3.3.5 边框和底纹

边框和底纹可以突出某些文本、段落、表格、单元格等的效果，增加对文档不同部分的兴趣和注意程度，用来美化文档并使文档更加条理清晰。

操作方法是：选中文本，选择"开始"→"段落"选项组，单击"边框"按钮 ⬚ ▾，选择"边框和底纹"功能。在弹出的菜单中通过"边框""页面边框""底纹"三个选项卡完成设置，如图 3-30 所示。

3.3.6 页面格式

每篇文档都必须进行页面设置，包括文字的方向、文档的页边距、纸张方向、纸张大小等。在 Word 2016 中可以通过"页面布局"选项卡进行设置，如图 3-31 所示。

1. 设置文字方向

文字方向是指页面中文字是横向或纵向的排版格式。方法是：选择"布局"→"页面设置"选项组，单击"文字方向"按钮⬚，在弹出的菜单中选择相应的菜单项，即可实现文字方向的设置功能。还可以选择"文字方向选项"进行高级设置。

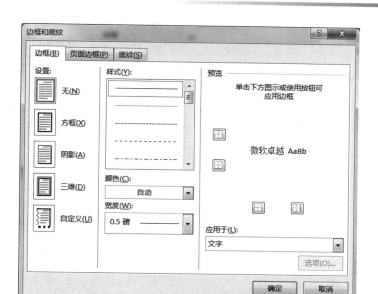

图 3-30　"边框和底纹"对话框

图 3-31　"页面设置"选项按钮

2．设置页边距

页边距是指文档打印时内容与纸张边界之间的距离。方法是：选择"布局"→"页面设置"选项组，单击"页边距"按钮，在弹出的菜单中选择相应的菜单项，即可完成页边距的设置功能。还可以选择"自定义页边距"进行高级设置。

3．设置纸张方向

纸张方向是指文档打印时纸张是横向打印还是纵向打印。方法是：选择"布局"→"页面设置"选项组，单击"纸张方向"按钮，在弹出的菜单中选择相应的菜单项，实现纸张方向的设置功能。

4．设置纸张大小

纸张大小是指文档页面的大小。方法是：选择"布局"→"页面设置"选项组，单击"纸张大小"按钮，在弹出的菜单中选择相应的菜单项，实现纸张大小的设置功能。还可以选择"其他面积大小"进行高级设置。

3.4　图文混排

在 Word 文档中，为了增加说服力和表现力，在输入文字的同时，还需要插入图形、图片、文本框、艺术字、表格、公式、流程图等对象，这些对象在插入后，一般都可以设置其在文本中的相对位置，实现图文混排。

3.4.1　插入形状

Word 2016 提供了一套绘制图形的工具，还提供了大量可以调整形状的自选图形。绘图

图 3-32　绘图列表框

列表框如图 3-32 所示。

插入形状（绘制图形）是指在文档当前位置插入 Word 系统的自选图形。操作方法是：将光标定位于要绘制图形的位置，选择"插入"→"插图"选项组，单击"形状"按钮，在绘图列表框中选择需要的形状，鼠标指针变为十字形，然后由绘图起始点位置按住鼠标左键，拖动到结束位置释放即可。

在插入的图形中可以实现添加文字、选择艺术字式样、排列、大小等功能。方法是：选择所需图形，功能区显示"绘图工具"→"格式"选项卡，可从中进行相应操作。

3.4.2　插入艺术字

在文档中所插入的艺术字其实是一种图片化了的文字。艺术字可以产生一种特殊的视觉效果，在优化版面方面起到了非常重要的作用。Office 2016 通过艺术字编辑器来完成对艺术字的处理。插入艺术字的方法是：将光标定位在准备插入艺术字的位置，选择"插入"选项卡，单击"艺术字"按钮，选择艺术字效果，在文本框中输入相应文字，如图 3-33 所示。

图 3-33　艺术效果列表框

可以给艺术字添加更多的效果。具体操作方法如下：

（1）选择已插入的艺术字。

（2）单击"绘图工具"选项卡。

（3）设置艺术字效果，使用"形状样式"组的按钮可以设置艺术字的形状填充、轮廓和效果，使用"艺术字样式"选项组的按钮可以设置艺术字的文本效果，使用"文本"选项组的按钮可以设置艺术字的文字方向、对齐格式等。使用"大小"选项组中的按钮，可以设置艺术字的位置、文字环绕与尺寸。

3.4.3　文本框

1. 插入文本框

在 Word 2016 中，文本框是一个输入显示文字的矩形方框，可以像图形对象一样使用。文本框可以放在任意位置并调整其大小，还可以随时移动。

操作步骤如下：

（1）选择插入文本框的位置编辑文本框。

（2）选择"插入"选项卡，在"文本"选项组中单击"文本框"按钮，在文本框列表框中选择所需样式的文本框单击。

（3）单击文本框内容。

根据需要，可以在列表中选择绘制文本框或绘制竖排文本框等功能。

2. 文本框的设置

选中文本框，选择"绘图工具"→"格式"选项卡，通过"形状样式""艺术字样式"选项组或

"大小"等功能选项对文本框插入形状、形状样式,并对文本格式、文本框及其文本的排列、文本框大小进行设置,如图 3-34 所示。

图 3-34　"绘图工具"→"格式"选项卡

3.4.4　组合图形对象

组合图形对象是指将多个图形对象组合在一起,以便在进行文档的编辑过程中,对它们进行整体的移动或更改,减少工作量。

具体操作方法如下:

(1)选中需要组合的图形,选择"绘图工具"→"格式"选项卡,单击"排列"选项组中的"组合"按钮。

(2)选中需要组合的图形并且右击,在弹出的快捷菜单中选择"组合"命令。

3.4.5　图片操作

1. 插入图片

插入图片是指将文件图片插入文本中。在 Word 2016 中,还可以在保持网络正常的情况下,不用将互联网中的图片下载到本地,即可直接插入文档中。操作方法:单击"插入"选项卡,选择"插图"选项组,单击"图片"("联机图片")按钮,选择所需图片即可,如图 3-35 所示。

图 3-35　"插入"→"插图"选项组

2. 设置图片格式

在文档中插入图片和剪切画后,还需要对图片的格式做必要的设置。操作方法:选择需要设置的图片,打开"图片工具"→"格式"选项卡,使用"调整"选项组中的按钮可以调整图片的颜色和艺术效果;使用"图片样式"选项组中的按钮可以调整图片的边框、效果和版式;使用"排列"选项组中的按钮可以设置图片的位置、旋转、对齐格式;使用"大小"选项组中的按钮可以对图片进行剪裁,也可以调整图片的尺寸等。"图片工具"→"格式"选项卡如图 3-36 所示。

图 3-36　"图片工具"→"格式"选项卡

3.4.6　表格处理

在使用 Word 2016 时,会遇到数据表格输入或要对一些文本有规则地排版等问题。Word

具有功能强大的表格制作功能,其所见即所得的工作方式使表格制作更加方便、快捷、安全,可以满足制作复杂表格的要求,并且能对表格中的数据进行较为复杂的计算,大大简化了排版操作。

1. 创建表格

创建表格的方法有多种方式:直接插入表格、绘制表格、将文本转换为表格、插入 Excel 电子表格等。

操作步骤如下:

(1) 单击"插入"选项卡,选择"表格"选项组中的"表格"按钮⊞,打开"插入表格"网格,如图 3-37 所示。

(2) 在选中表格区域可以直接插入表格;单击"插入表格"命令,打开"插入表格"对话框,如图 3-38 所示。

图 3-37 "插入表格"网格

图 3-38 "插入表格"对话框

(3) 在对话框中选择列数、行数并设置列宽,然后单击"确定"按钮,即可完成表格的创建。

(4) 在表格中输入所需要的信息。

如果单击"绘制表格"命令,则可以手工绘制表格;如果单击"Excel 电子表格"命令,则可以插入 Excel 电子表格等。

2. 编辑表格

用户可以对制作的表格进行格式化操作和修改,例如在表格中增加、删除表格的行、列及单元格,改变行高和列宽等。创建表格后(或选中已建立表格),功能区弹出"表格工具"选项卡,运用该选项卡提供的功能可以对表格进行相关操作。

1) 表格的选定

对表格操作,首先将光标定位于单元格,可以选中单个单元格、多个单元格或整个表格。

(1) 选中单个单元格。只需在单元格中单击,然后拖动鼠标可以选中表格中的文字。

(2) 选中多个单元格。用鼠标直接拖动,拖过的区域被选中。

(3) 选中整个表格。将鼠标指针移动到表格中,在表格的左上角出现⊞符号,单击该符号,直接选中整个表格,或者单击"表格工具"→"布局"选项卡,选择"表"选项组,单击"选择"按钮,选择相应的命令进行单元格、行、列或表的选择。

2) 插入/删除单元格

插入单元格的操作步骤如下:

(1) 将光标定位于要插入单元格的位置。

(2) 单击"表格工具"→"布局"选项卡,选择"行和列"选项组,如图 3-39 所示,单击▦按钮可以在当前位置的上方插入一行,单击  按钮可以在当前位置的下方插入一行,单击 按钮可以在当前位置的左侧插入一列,单击 按钮可以在当前位置的右侧插入一列。如果需要插入单元格,则单击选项面板右下角的"对话框启动器"按钮 ,打开"插入单元格"对话框,如图 3-40 所示,选中"活动单元格右移"单选按钮可以在当前位置的左侧插入一个单元格;选中"活动单元格下移"单选按钮可以在当前位置的上方插入一个单元格。由此看出,在插入单元格之前需要准确定位。

图 3-39　"表格工具"→"布局"→"行和列"选项组

删除单元格的操作步骤如下:

（1）选中要删除的单元格。

（2）单击"表格工具"→"布局"选项卡,选择"行和列"选项组,单击"删除"按钮 即可,或者在选中的单元格上右击,从弹出的快捷菜单中选择"删除单元格"命令,打开"删除单元格"对话框,如图 3-41 所示。

图 3-40　"插入单元格"对话框

图 3-41　"删除单元格"对话框

（3）选择相应的单选按钮即可删除相应的单元格。

也可以移动鼠标至需要操作的单元格相关区域,通过拖动鼠标或按鼠标左键,或运用"绘图"选项组的"绘制表格""橡皮擦"功能进行插入或删除的相关操作。

3）合并或拆分单元格以及拆分表格

合并单元格的操作步骤:选定要合并的单元格并且右击,在弹出的快捷菜单中单击"合并单元格"按钮 。

拆分单元格的操作步骤:选定要拆分的单元格并且右击,在弹出的快捷菜单中单击"拆分单元格"按钮 。

拆分表格的操作步骤:将光标定位于表格要拆分的所在行,单击"表格工具"→"布局"选项卡,选择"合并"选项组,单击"拆分表格"按钮 。

4）设置表格的行高和列宽

在对 Word 表格进行编辑时,可以根据需要设置表格的行高和列宽。调整行高和列宽的方法是:选择需要设置的单元格,单击"表格工具"→"布局"选项卡,选择"单元格大小"选项组,使用"高度"和"宽度"微调按钮设置单元格高度和宽度。

也可以通过移动鼠标至需要调整的单元格相关区域,按鼠标右键,使用"表格属性"功能实现设置。

3. 表格中的文本排版

在 Word 2016 中,可以根据排版的需要,设置单元格中文字的对齐方式。单元格的对齐方式分为垂直对齐和水平对齐。操作方法是：选中表格中需要处理的文字所在的单元格，单击"表格工具"→"布局"选项卡，选择"对齐方式"选项组，使用相应的命令进行对齐格式的设置。

4. 边框和底纹

表格边框和底纹的设置对表格的外观起着非常重要的作用。在 Word 2016 中，可以根据需要，为表格和单元格添加边框和底纹。操作方法是：选中表格中需要处理的文字所在的单元格，单击"表格工具"→"设计"选项卡，选择"边框"选项组，单击选项卡右下角的"对话框启动器"按钮 ▫，打开"边框和底纹"对话框，在"边框"选项卡中可以设置表格或单元的边框样式，在"底纹"选项卡中可以设置表格或单元格的底纹样式，如图 3-42 和图 3-43 所示。

图 3-42　"边框"选项卡

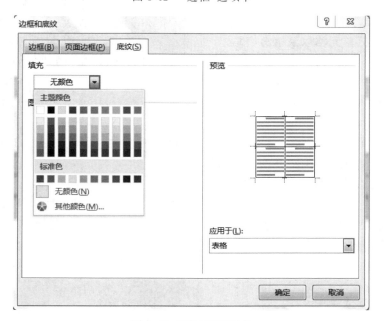

图 3-43　"底纹"选项卡

5．设置表格的对齐方式和文字环绕方式

在 Word 2016 中，表格可以像图像一样处理，可以使用不同的对齐方式，也可以设置文字环绕方式。设置表格的对齐方式和文字环绕方式需要在表格属性窗口中完成。

操作步骤如下：

（1）选中表格并且右击，在弹出的快捷菜单中选择"表格属性"命令，打开"表格属性"对话框，如图 3-44 所示。

图 3-44　"表格属性"对话框

（2）选择"表格"选项卡，在"对齐方式"选项组中可以设置表格的对齐方式：左对齐、居中和右对齐，在"文字环绕"选项组中可以设置表格的文字环绕方式。

6．绘制表格斜线表头

斜线表头是复杂表格经常用到的一种格式，Word 的表格有自动绘制斜线表头的特殊功能。表格的斜线表头一般在表格的第一行的第一列。

操作方法：在设置表格斜线表头前首先选中单元格，打开"插入"选项卡，选择"插图"选项组，单击"形状"并选择"直线"，根据需要完成表头斜线的绘制。

7．表格中的计算

在 Word 2016 中提供了简单函数以实现基本的计算。操作方法是：选中表格，单击"表格工具"→"布局"选项卡，选择"数据"选项组，单击"公式"，打开"公式"对话框，如图 3-45 所示，在"公式"文本框中输入或粘贴所需要的函数，单击"确定"按钮即可完成排序。

图 3-45　"公式"对话框

8．表格中的排序

在 Word 2016 中提供了排序功能，可以实现对表格中的数据进行排序。操作方法是：选中表格，单击"表格工具"→"布局"选项卡，选择"数据"

选项组,单击"排序",打开"排序"对话框,如图 3-46 所示,选择排序关键字和排序方式后,单击"确定"按钮即可完成排序。

图 3-46　"排序"对话框

3.4.7　插入特殊符号、公式和对象

在进行文档编辑时,经常会遇到一些特殊符号,如数学运算符、广义标点、特殊字符等情况,Word 2016 提供了输入特殊符号和公式的功能。

图 3-47　"符号"列表

1. 输入特殊字符

操作步骤如下:

(1)将光标定位到要插入符号的位置。

(2)单击"插入"选项卡,选择"符号"选项组,单击"符号"按钮 Ω,打开"符号"列表,其中列出了最近使用的符号,如图 3-47 所示。单击"其他符号"命令,弹出"符号"对话框,如图 3-48 所示。在列表框中选择所需的字符即可。

图 3-48　"符号"对话框

2．输入公式

操作步骤如下：

（1）将光标定位到要插入公式的位置。

（2）单击"插入"选项卡，选择"符号"选项组，单击"公式"按钮 π，打开"内置公式"列表，如图 3-49 所示。

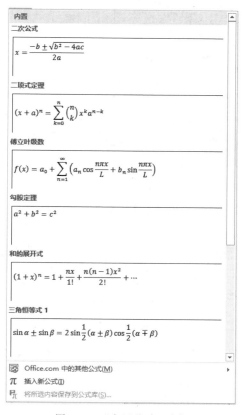

图 3-49　"内置公式"列表

（3）可以直接选取所需要的公式，也可以单击"插入新公式"命令输入新公式，在编辑公式过程中，系统自动显示"公式工具"→"设计"选项卡，如图 3-50 所示。用户可以根据需要插入所需要的公式。

图 3-50　"公式工具"→"设计"选项卡

3．插入对象

如果在文档中需要插入图片、声音、视频和 Excel 表格等，则需要使用插入对象的功能实现。

操作步骤如下：

（1）将光标定位到要插入对象的位置。

（2）单击"插入"选项卡，选择"文本"选项组，单击"对象"按钮 □，打开"对象"对话框，如图 3-51 所示。

图 3-51 "对象"对话框

（3）可以在文档中新建文档对象，只需在列表中直接选取相应的对象类型，然后进行编辑，或者插入事先创建的其他文件，在"由文件创建"选项卡中选择文件路径和文件名称即可完成，如图 3-52 所示。

图 3-52 "由文件创建"选项卡

3.4.8　脚注和尾注

脚注和尾注是为文档内容提供注释。脚注通常位于文档页面的底部，尾注位于文档结尾处。

操作方法：光标定位在要插入注释的位置，单击"引用"选项卡，选择"脚注"选项组，单击"对话框启动器"按钮 ⌐，打开"脚注和尾注"对话框，如图 3-53 所示，可以设置脚注和尾注的位置、布局、格式等。

3.4.9　题注

题注主要用于对插入文档中的图片、表格和公式等对象添加自动编号、注释文字等。

操作方法：选择要添加题注的对象，单击"引用"选项卡，选择"题注"选项组，单击"插入题注"命令，打开"题注"对话框，如图 3-54 所示，设置相关内容即可。

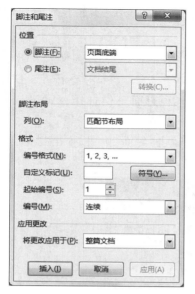

图 3-53　"脚注和尾注"对话框

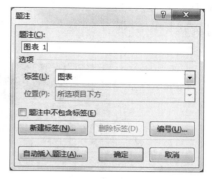

图 3-54　"题注"对话框

3.4.10　超链接

超链接是将文档中的文字、图形与其他位置的相关信息连接起来。建立超链接后，按 Ctrl 键同时单击超链接，可跳转并打开相关信息。超链接的对象包括网站、本机中的某个文件夹、文件、文档中的书签等。

插入超链接的操作步骤如下：

选择超链接的对象，单击"插入"选项卡，选择"链接"选项组，单击"超级链接"按钮 🌐，打开"插入超链接"对话框，如图 3-55 所示。在"链接到"列表框中设置链接对象的类型，在"查找范围"列表框中选择链接对象的文件夹，然后在"文件夹"列表框中选择链接的对象，在"地址"栏中会自动显示链接对象。此外，还可以在"要显示的文字"文本框中设置光标指向超链接对象时显示的信息，设置完成后单击"确定"按钮。如果超链接对象为文字，则呈蓝色显示。

图 3-55　"插入超链接"对话框

对已建立的超链接,可以按鼠标右键,从弹出的快捷菜单中选择"编辑超级链接"和"取消超级链接"命令实现编辑和取消的操作。

3.4.11　封面

Word 提供了一个封面库,其中包含了预先设计的各种封面可供选择。Word 2016 总是在文档的开始处插入封面。

操作方法:单击"插入"选项卡,选择"页面"选项组,单击"封面"按钮,弹出"封面"窗格,如图 3-56 所示,可以根据需要选择封面的样式。

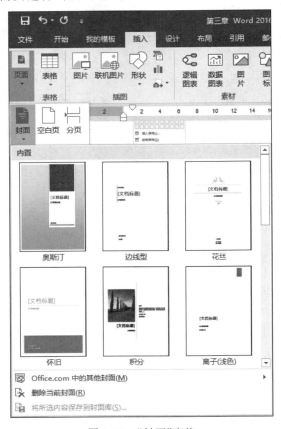

图 3-56　"封面"窗格

3.5　文档高级编辑和打印

3.5.1　样式的使用

样式是系统或用户定义并保存的一系列排版格式的总和,是应用于文档中的文本、表格和列表的一套格式特征,包括字体、段落的对齐方式、制表位和边距等。样式实际上是一组排版格式指令,因此,在编辑一篇文档时,为了避免重复性的操作,可以先将文档中要用到的各种样式分别加以定义,使之应用于各个段落。

1. 使用样式

Word 2016 中提供了一些常用样式。样式分为段落样式、字符样式等类型。为已有的内容应用某种样式时,应用段落样式不要求选定内容,应用字符样式时要求选定文字内容。

操作方法:选择需要设置样式的段落,单击"开始"选项卡,选择"样式"选项组,在样式列表中选择所需的样式。或者单击右下角的对话框启动器,在打开的"样式"窗格中进行选择,如图 3-57 所示。

在"样式"菜单中,单击右下角"选项"命令,弹出"样式窗格选项"对话框,如图 3-58 所示,可以根据需要进行相关设置。

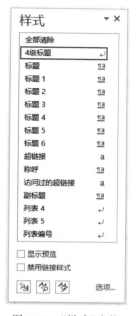

图 3-57 "样式"窗格

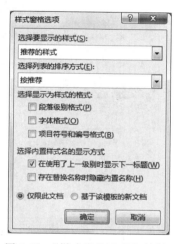

图 3-58 "样式窗格选项"对话框

2. 新建样式

创建新样式的操作方法:在图 3-57 所示的"样式"窗格中,单击左下角的新建样式按钮,系统弹出"根据格式设置创建新样式"对话框,如图 3-59 所示。在该对话框中可以根据需要重建新的样式。

3. 对样式进行管理

管理样式的操作方法:在图 3-57 所示的"样式"窗格中,单击左下角的管理样式按钮,打开"管理样式"对话框,如图 3-60 所示。在该对话框中,可以对已有的样式进行编辑、推荐和限制。

3.5.2 分节符和分页符

节是文档的一部分,可在其中设置某些页面格式选项。若要更改某些属性,如行编号、列数或页眉和页脚等,可创建一个新的节。我们可利用节在一页之内或两页之间改变文档的布局。

分节符是为表示节的结尾插入的标记,包含节的格式设置元素,如页边距、页面的方向、页眉和页脚、页码的顺序。只需插入分节符即可将文档分成几节,然后根据需要设置每节的格式。

操作方法:单击"页面布局"选项卡,选择"页面设置"选项组,单击"分页符"按钮,打开"分页符"列表,如图 3-61 所示。

图 3-59 "根据格式设置创建新样式"对话框

图 3-60 "管理样式"对话框

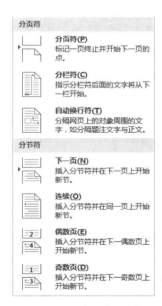

图 3-61 "分页符"列表

在"分页符"列表中可以选择插入所需要的分节符等。分节符的类型与作用如表 3-2 所示。

表 3-2　分节符的类型与作用

类　型	作　用	类　型	作　用
下一页	插入一个分节符并分页,新节从下一页开始	奇数页	插入一个分节符,新节从下一个奇数页开始
连续	插入一个分节符,新节从同一页开始	偶数页	插入一个分节符,新节从下一个偶数页开始

当文字或图形填满一页时,Word 2016 能自动计算出分页位置,插入一个自动分页符并开始新的一页,也可以用插入分节符方法设置分节符。

3.5.3　分栏

为了便于阅读,在进行文本输入时,通常会采用分栏编排将版面分成多栏。

操作方法:单击"页面布局"选项卡,选择"页面设置"选项组,单击"分栏"按钮▤,设置分栏数,或者单击"更多分栏"命令,打开"分栏"对话框,如图 3-62 所示。

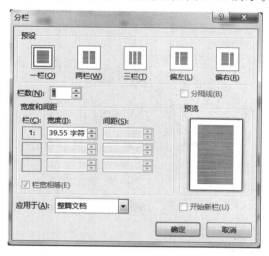

图 3-62　"分栏"对话框

在"分栏"对话框中可以设置栏数、栏宽、栏间距和应用范围等。

3.5.4　插入页眉、页脚和页码

页眉和页脚是指文档中每个页面页边距的顶部和底部区域,页眉打印在顶边上,页脚打印在底边上,可以使用页码、日期或公司徽标等文字或图形。页眉和页脚只会出现在页面视图和打印的文档中。页码可以用来标明某页在整个文档中的相对位置,便于查找。页码通常出现在页面的页眉或页脚区域。

1. 插入页眉/页脚

插入页眉的操作步骤如下:

(1)单击"插入"选项卡,选择"页眉和页脚"选项组,单击"页眉"按钮▯,打开"页眉"列表,如图 3-63 所示。

(2)在列表中选择所需要的页眉格式并进行编辑。

(3)如果需要修改页眉,则只需在图 3-63 中单击"编辑页眉"命令;若需要删除页眉,则单击"删除页眉"命令。

图 3-63　"页眉"设置菜单

插入页脚的操作步骤与插入页眉的操作相似。

2. 插入页码

页码可以用来标明某页在整个文档中的相对位置,便于查找。页码通常置于页面的页眉或页脚区域。

插入页码的操作步骤如下:

单击"插入"选项卡,选择"页眉和页脚"选项组,单击"页码"按钮,打开"页码"下拉菜单,单击相应的命令即可设置页码的格式和位置。

3.5.5　目录的创建

对于长文档而言,通常目录是不可缺少的部分,Word 2016 提供了自动创建目录的功能,使目录的制作变得非常简便,而且在文档发生了改变以后,还可以利用更新目录的功能来适应文档的变化。

创建目录的操作步骤如下:

(1) 单击"引入"选项卡,选择"目录"选项组,单击"目录"按钮,打开"内置"列表,如图 3-64 所示。

(2) 在列表框中,单击"手动目录"选项,然后通过手动输入目录各级标题进行设置,如图 3-65 所示。

可以为文档添加自动目录,但需要做好准备工作。首先通过应用样式设定大纲级别(也可以在大纲视图下设置),使其各级标题的格式中必须含有大纲级别(除正文文本外)。设定大纲级别后的标题,可以出现在"导航"窗格中,通过单击"导航"窗格中的各级标题,实现光标在长文档中远距离的快速定位。

3.5.6　文档的打印

打印是常用的一种文档输出方式,在打印之前通过对页面的设置,或通过"打印预览"发现

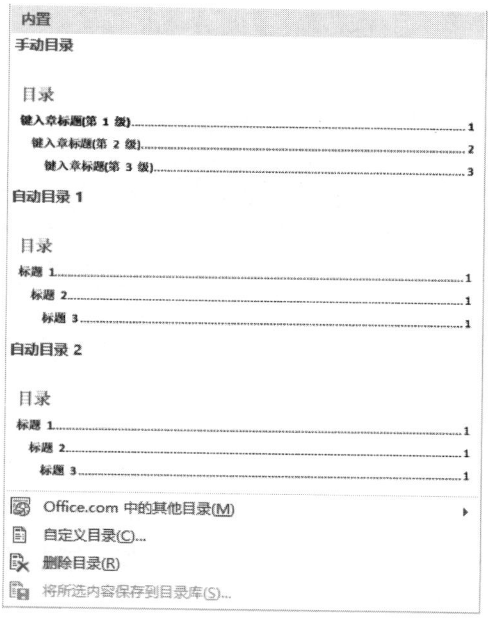

图 3-64　"内置"列表

图 3-65　"手动目录"设置菜单

问题并及时修改,可以得到满意的效果。

打印的操作步骤:单击"文件"选项卡,选择"打印"命令,打开如图 3-66 所示的窗口。在左边的"打印"窗格中设置相应的参数。

打印参数的含义如下。

(1)打印机:可以选择或者添加打印机。

(2)打印所有页:可以打印整个文档。

(3)单面打印:可以完成双面打印。根据打印机是否支持双面打印,可以选择"双面打印"或"手动双面打印"。若手动双面打印,则在打印完一面后,会提示重新加纸打印第二面。

(4)纵向:可以选择打印形式是横向或纵向。

(5)正常边距:可以在模板中选择页的边距,也可以自定义页的边距。

(6)每版打印 1 页:可以设置每版打印的页数,在一页中打印多页文档;在"缩放至纸张大小"命令中,可以选择不同的页面规格。

(7)页面设置:在"页边距"选项卡中可以设置页边距、纸张方向、页码范围等;在"纸张"选项卡中可以设置纸张大小、宽度和纸张来源等;在"页面设置"对话框中还可以对"版式"和"文档网格"进行设置,如图 3-67 所示。

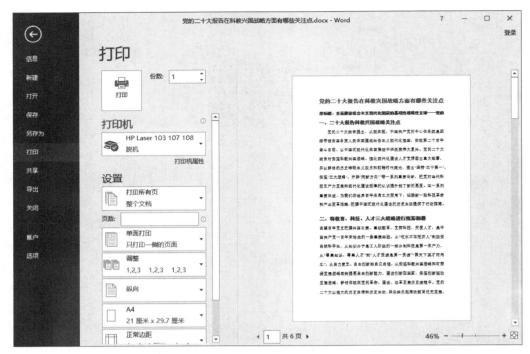

图 3-66 "打印"窗口

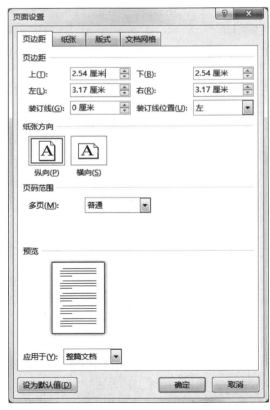

图 3-67 "页面设置"对话框

思考与练习

1. Word 是用来处理_____的软件。

A. 文字　　　　　　B. 演示文稿　　　C. 数据库　　　　D. 电子表格

2. Word 2016 文档的扩展名是_____。

A. .txt　　　　　　B. .docx　　　　C. .doc　　　　　D. .dot

3. Word 文档格式转换时,应在"文件"→"另存为"窗口_____选项选择文件保存类型。

A. 文件名　　　　　B. 文件属性　　　C. 文件类型　　　D. 保存位置

4. 在 Word 中,文档的显示效果与打印输出效果完全一致的视图方式是_____。

A. 页面视图　　　　B. 阅读视图　　　C. 大纲视图

D. Web 版式　　　　E. 草图视图

5. 在编辑 Word 文档时,按组合键_____可以实现汉字编辑方式下的中英文切换,按组合键_____可以复制选定的文本,按组合键_____可以剪切选定的文本,按组合键_____可以粘贴选定的文本。

A. Ctrl+C　　　　B. Ctrl+X　　　C. Ctrl+V

D. Ctrl+A　　　　E. Ctrl+空格

6. 在文本编辑状态下,选择"复制"命令后,_____。

A. 选择的内容复制到插入点处　　　　B. 将剪贴板的内容复制到插入点处

C. 选择的内容复制到剪贴板　　　　　D. 选择的内容的格式复制到剪贴板

7. 在 Word 窗口的工作区中,闪烁的垂直条表示_____。

A. 鼠标位置　　　　B. 插入点　　　　C. 键盘位置　　　D. 按钮位置

8. 在 Word 文档中打开_____模式后,按键盘上的一个键时,插入点右边的字符会被替代。

A. 编辑　　　　　　B. 插入　　　　　C. 改写　　　　　D. 录制宏

9. Word 的替换功能无法实现的操作是_____。

A. 将指定的字符变成蓝色黑体

B. 将所有的字母 A 变成 B,将所有的字母 B 变成 A

C. 删除所有的字母 A

D. 将所有的数组自动翻倍

10. 在 Word 2016 的编辑状态下,设置字体前不选择文本,则设置的字体对_____起作用。

A. 任何文本　　　　　　　　　　　B. 全部文本

C. 当前文本　　　　　　　　　　　D. 插入点新输入的文本

11. 删除一个段落标记后,前后两段文字将合成一段,原段落格式编排_____。

A. 没有变化　　　　　　　　　　　B. 后一段将采用前一段的格式

C. 前一段变成无格式　　　　　　　D. 前一段将采用后一段的格式

12. 在 Word 2016 中,可以利用_____很直观地改变段落的缩进方式,调整左右边界和改变表格的列宽。

A. 开始　　　　　　B. 插入　　　　　C. 页面布局　　　D. 标尺

13. 为文档添加页眉或者页脚,应该单击_____菜单下的"页眉和页脚"命令。

    A. 文件   B. 插入   C. 页面布局   D. 视图

14. 在 Word 2016 文档中,一页未满的情况下需要强制换页,应该采用_____操作。

    A. 插入分段符   B. 插入分页符

    C. 插入命令符   D. Ctrl+Shift

15. 如果把一个单元格拆分为两个单元格,那么单元格中的内容将_____。

    A. 被平均拆分到两个单元格中   B. 不会拆分,都位于左端的单元格中

    C. 不会拆分,都位于右端的单元格中   D. 按一定的要求拆分

16. 在 Word 文档中有关表格的操作,以下说法不正确的是_____。

    A. 文本能转换成表格   B. 表格能转换成文本

    C. 文本和表格可以互相转换   D. 文本和表格不能互相转换

17. 在 Word 文档中,如果表格长至跨页,并且每页都需要有表头,则最佳选择是_____。

    A. 系统能自动生成

    B. 选择"表格工具"→"布局"→"标题行重复"命令

    C. 每页复制一个表头

    D. 选择"表格工具"→"设计"→"标题行"命令

18. Word 将格式划分为_____格式化三类。

    A. 字体、段落和样式   B. 字体、句子和页面

    C. 句子、页面和段落   D. 字体、段落和页面

19. 要调整一个图形,应先_____。

    A. 删除该图形   B. 移动该图形

    C. 激活该图形   D. 缩放该图形

20. 在 Word 文档中插入组织结构图,需要通过_____操作。

    A. "插入"→"形状"   B. "插入"→"剪贴画"

    C. "插入"→"艺术字"   D. "插入"→SmartArt

21. 在 Word 文档中选择"插入"→"书签"命令,主要用于_____。

    A. 快速定位文档   B. 快速复制文档

    C. 快速移动文档   D. 快速浏览文档

22. 在 Word 文档中输入复杂的数学公式,需要选择_____命令。

    A. "插入"→"公式"   B. "插入"→"对象"

    C. "插入"→"符号"   D. "引用"→"公式"

23. Word 默认的纸型大小和页面方向是_____。

    A. A4,横向   B. A4,纵向

    C. B5,纵向   D. B5,横向

24. 用户在打印文档之前,可以进行的设置是_____。

    A. 设置打印份数   B. 选择使用打印机

    C. 选择打印机方向   D. 以上都是

第 4 章

Excel 2016电子表格软件

Excel 2016 是 Microsoft Office 办公系列软件中的一个重要组成部分,是一个用于管理和显示数据的电子表格处理软件,利用它可以方便地制作出各种电子表格,完成科学计算、统计分析和绘制图表,其广泛地应用于管理、统计财经、金融等众多领域。

4.1　Excel 2016 基本知识

Excel 2016 是目前最新也是最流行的电子表格软件,本节将简要介绍中文 Excel 2016 的一些入门知识,为系统地学习这个软件打下基础。

4.1.1　Excel 2016 概述

Excel 2016 是微软公司办公自动化软件 Office 2016 的重要成员,是微软公司推出的一个功能强大的电子表格应用软件,其主要功能是能够方便地制作出各种电子表格。在其中可使用公式对数据进行复杂的运算、把数据用各种统计图表的形式表现得直观明了,并可以进行一些数据分析和统计工作。由于 Excel 具有十分友好的人机界面和强大的计算功能,它不但可以用于个人、办公等有关的日常事务处理,而且被广泛应用于金融、经济、财会、审计和统计等领域。

Microsoft 公司 1987 年推出 Excel 2,随之又先后推出了 Excel 6.0、Excel 7.0、Excel 2003、Excel 2007、Excel 2010 直至 2015 年 9 月推出最新版本中文 Excel 2016,Microsoft 公司根据用户的需求和使用意见对它的功能进行了不断的更新和改进,使其在电子表格领域始终领先。

中文 Excel 2016 不仅秉承了 Excel 2010 的众多优秀功能,还增加了许多新的功能,其中界面显示、文件操作管理和剪贴板工具栏在 Word 中已有论述。下面介绍 Excel 与 Word 不同的窗口组成。

4.1.2　Excel 窗口的组成

选择"开始"→E→Excel 2016 启动 Excel 2016。启动成功后,出现如图 4-1 所示界面,Excel 窗口的组成与 Word 的相似。

1. 工作簿

工作簿窗口位于 Excel 2016 窗口的中央区域,它主要由工作表、工作表标签、行号、列号等构成,当启动 Excel 2016 时,系统将自动打开一个名为工作簿 1 的工作簿窗口。默认情况下,工作簿窗口处于最大化状态。

图 4-1　Excel 2016 窗口的组成

2．工作表

工作表是 Excel 窗口的主体,是工作簿重要的组成部分。工作表位于工作簿窗口的中央区域,由单元格组成,每个单元格由行号和列号来定位,其中行号位于工作表的左端,顺序为数字 1、2 和 3 等;列号位于工作表的上端,顺序为字母 A、B 和 C 等。工作表也被称为电子表格,它是 Excel 用来存储和处理数据的最主要的文档。

3．单元格与活动单元格

单元格是电子表格中最小的组成单位。工作表编辑区中每一个长方形的小格就是一个单元格,每一个单元格都用其所在的单元格地址来标识,并显示在名称框中。例如,B3 单元格表示位于第 B 列第 3 行的单元格。

工作表中被黑色边框包围的单元格被称为当前单元格或活动单元格,用户只能对活动单元格进行操作。

4．编辑栏

编辑栏默认在格式栏的下方,当选择单元格或区域时,相应的地址或区域名称即显示在编辑栏左端的名称框中,名称框主要用于命名和快速定位单元格和区域。在单元格中编辑数据时,其内容同时出现在编辑栏右端的编辑框中。编辑框还可用于编辑当前单元格的常数或公式。由于单元格默认宽度通常显示不下较长的数据,在编辑框中编辑数据是非常理想的。

5．工作表标签

工作表标签位于工作簿文档窗口的左下底部,初始为 Sheet1,代表着工作表的名称,用鼠标单击标签名可切换到相应的工作表中。如果工作表有多个,以致标签栏显示不下所有标签时,可单击标签栏左侧的滚动箭头使标签滚动,从而找到所需工作表标签。

6．标签拆分框

标签拆分框是位于标签栏和水平滚动条之间的小竖线。单击小竖线向左右拖曳可增加水平滚动条或标签栏的长度,双击小竖线可恢复其默认的设置。

▦ **4.2　工作表的基本操作** ◆

4.2.1　工作簿、工作表和单元格

工作簿、工作表和单元格是 Excel 的三个重要概念。工作簿是计算和存储数据的文件,一

个工作簿就是一个 Excel 文件,其扩展名为. xlsx。一个工作簿中含有多张工作表。一般来说,一张工作表保存一类相关的信息,这样在一个工作簿中可以管理多种类型的相关信息,用户可以将若干相关工作表组成一个工作簿,操作时不必打开多个文件,而直接在同一文件的不同工作表中方便地切换。默认情况下,新建一个工作簿,Excel 会提供 1 个工作表,其名称是Sheet1,显示在工作表标签中,在实际工作中,可以根据需要添加更多的工作表。

在 Excel 2016 中,每一个工作表中最多有 1 048 576 行和 16 384 列。每一行列交汇处即为一个单元格,单元格是存储数据的基本单位,对单元格数据的编辑和运算是制作工作表的基础。Excel 用行号、列号来表示某个单元格。例如,A1 代表第 A 列第 1 行处的单元格。

工作表是 Excel 工作簿的基本组成元素,用户对工作簿的操作都是通过工作表完成的。打开任意一个 Excel 工作簿,都能看见在工作簿的左下方默认命名为 Sheet1 的工作表标签,单击标签,选定该工作表,用户就可以开始数据管理工作了。工作表的基础操作包括新建工作表、移动工作表、重命名工作表等,下面将依次介绍。

4.2.2　插入工作表

默认的工作簿是由 1 个工作表组成的,如果用户需要增加工作表,可以根据需要插入新的工作表。新建工作表通常有两种方法。

1. 单击工作表标签按钮插入新工作表

打开一个 Excel 文件,单击工作表标签位置处的“插入工作表”标签按钮 ⊕ ,在工作表标签 Sheet1 后可以看到自动插入的新工作表 Sheet2 标签,单击该标签可切换到该工作表。

2. 通过“插入”对话框插入工作表

打开一个 Excel 文件,在工作表标签位置处按鼠标右键,从弹出的快捷菜单中选择“插入”命令,系统弹出“插入”对话框,切换到“常用”选项卡,单击其列表中的“工作表”选项,再单击“确定”按钮,如图 4-2 所示,即可插入工作表。

图 4-2　“插入”对话框

4.2.3 工作表的重命名和切换

工作簿可以由多张工作表组成,默认的工作表名称是以 Sheet 来命名的,但根据需要,用户可以对不同的工作表进行重命名。还可以根据需要在工作表间进行切换。

1. 工作表的重命名

用户可以双击需要重命名的工作表标签,工作表标签呈黑色;再输入新的工作表名,按回车键确定,来给工作表重命名。

2. 工作表的切换

在工作簿中,单击需要切换的工作表标签,即可切换到相应的工作表中,用户可以对此工作表进行编辑。

4.2.4 工作表的移动、复制和删除

对于工作簿中的工作表,用户还可以对其进行其他的操作,如移动、复制和删除等。具体操作步骤介绍如下。

1. 移动工作表

选定需要移动的工作表标签,例如单击"职工工资表"标签,然后按下鼠标左键,拖动工作表标签至想要移动到的位置,在标签栏的上方将会出现一个黑色的下三角符号,提示用户工作表将被插入的目标位置,如图 4-3 所示。

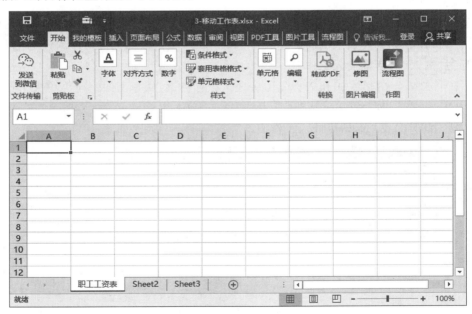

图 4-3　移动工作表

释放鼠标后,可以看"职工工资表"已经被移动到了指定的目标位置,如图 4-4 所示。

用户也可以右击工作表标签,然后在"移动或复制工作表"对话框里选择需要移动到的位置。使用该功能,用户还可以实现在不同工作簿之间工作表的移动。

2. 复制工作表

在需要复制的工作表标签上按鼠标右键,从弹出的快捷菜单中选择"移动或复制"命令,如图 4-5 所示,系统弹出"移动或复制工作表"对话框。在对话框中,首先选中"建立

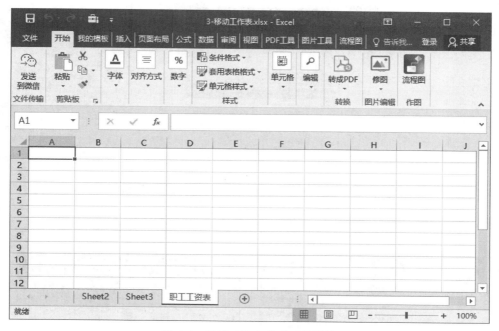

图 4-4 显示工作表移动后的效果

副本"复选框,再在"下列选定工作表之前"列表框中单击需要移动到其位置之前的选项,如图 4-6 所示。

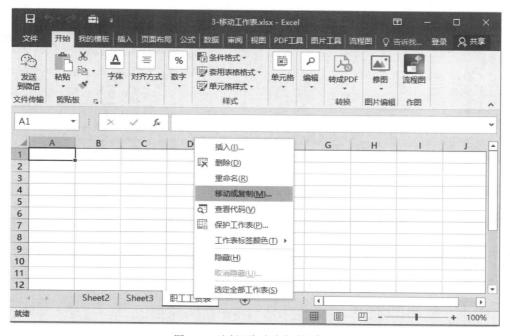

图 4-5 选择"移动或复制"命令

复制的工作表"职工工资表"被插入选定的工作表 Sheet2 之前,如图 4-7 所示。

3. 删除工作表

在需要删除的工作表标签上按鼠标右键,从弹出的快捷菜单中选择"删除"命令,即可删除选定的工作表。

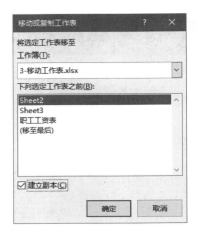

图 4-6 "移动或复制工作表"对话框

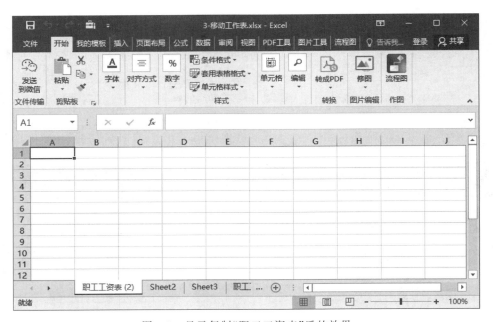

图 4-7 显示复制"职工工资表"后的效果

4.3 工作表数据的输入和编辑 ◆

Excel 中的数据分为文本型数据和数值型数据两大类,文本型数据主要用于描述事物,而数值型数据主要用于数学运算,它们的输入方法和格式各不相同。

4.3.1 数据的输入

1. 输入文本型数据

在 Excel 中,系统将汉字、数字、英文字母、空格、连接符等字符的组合统称为文本。一个单元格中最多可输入半角字符 32 767 个,如果单元格不够宽,则单元格内容就会溢出到右边单元格中,但实际上它只在这个单元格中。如果在它的右边单元格中包含有数据,则此单元格中的数据就不能完全显示出来,但内容还是完整地保存在本单元格中。

当输入纯数字的字符串时,可以在数字前面加上一个撇号"′",这个标志是让 Excel 把这个数字当作文字来处理,如′090。也可以将数字用双引号括起来,然后在数字前面加入一个等号,如＝"090"。

2．输入数值型数据

在 Excel 中,可以输入以下数值:"0～9"、"＋"(加号)、"－"(减号)、"( )"(圆括号)、","(逗号)、"/"(斜线)、"＄"(货币符号)、"％"(百分号)、"."(英文句号)、"E 和 e"(科学计数符),E 或 e 是乘方符号,En 表示 10 的 n 次方。例如,1.8E－3 表示"1.8×10^{-3}",值为 0.0018。

输入数字与输入文字的方法相同。不过输入数字需要注意下面几点:

(1) 输入分数时,应先输入一个 0 和一个空格,然后再输入分数。否则系统会将其作为日期处理。例如,输入"8/10(十分之八)",应输入"0 8/10",若不输入 0,则表示 10 月 8 日。

(2) 当输入一个负数时,可以通过两种方法来完成。在数字前面加上一个减号或将数字用圆括号括起来。例如,输入"－3",可输入"－3"或"(3)"。

(3) 输入百分数时,先输入数字,再输入百分号即可。

3．输入日期

Excel 2016 内置了一些日期格式,常用格式为"mm/dd/yy""dd-mm-yy"。默认情况下,日期和时间项在单元格中右对齐。如果输入的是 Excel 不能识别的日期或时间格式,输入的内容将被视为文字,并在单元格中左对齐。

4．输入时间

在 Excel 中,时间分 12 小时制和 24 小时制,如果要基于 12 小时制输入时间,则首先在时间后输入一个空格,然后输入 AM 或 PM(也可 A 或 P),用来表示上午或下午。否则,Excel 将以 24 小时制计算时间。例如,如果输入 11:00 而不是 11:00PM,将被视为 11:00AM。

如果要输入当天的日期,按"Ctrl＋;(分号)"键;如果要输入当前的时间,按"Ctrl＋Shift＋:(冒号)"键。

时间和日期还可以相加、相减,并可以包含到其他运算中。如果要在公式中使用日期或时间,则可用带引号的文本形式输入日期或时间值。例如,＝"2021/11/25"－"2021/10/5"的差值为 51 天。

4.3.2　数据的编辑

1．数据的选定

1)行、列的选定

单击行标,可选定相应的 1 行;单击列标,可选定相应的 1 列。若在行标或列标上拖动则可选定相邻的多行或相邻的多列。若要选择非相邻的行或列,则在选择行或列的同时按住 Ctrl 键即可。

2)区域的选定

区域是连续地成为矩形的多个单元格,由区域的两个对角线单元地址表示,如"A2:D5""B2:E5"。可以在地址框中给选定的区域命名,命名后的区域可以根据区域名称来引用和操作。

定位区域的起始单元格,拖曳鼠标到区域对角单元格,可选定一个连续区域。单击表格行列交叉处的"全选"按钮▇,可选定整张表格。

2．数据的修改

数据的修改有两种方法:一是在编辑栏修改,只需先选中要修改的单元格,然后在编辑栏中进行相应修改,按"√"按钮确认修改,按"×"按钮放弃修改;二是直接在单元格修改,此时需要双击单元格,然后在单元格内进行编辑修改。

3. 数据的清除

数据清除针对的对象是数据,单元格本身并不受影响。选定要删除内容的单元格,打开"开始"选项卡,选择"编辑"选项组中的"清除"→"清除内容"命令,或用 Del、Backspace 键。此操作仅清除数据,单元格仍在原位置。

4. 单元格、行、列的插入

1)单元格的插入

(1)选定要插入对象的位置。

(2)打开"开始"选项卡,选择"单元格"选项组中的"插入"→"插入单元格"命令,系统弹出"插入"对话框,如图 4-8 所示。

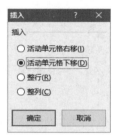

图 4-8　"插入"对话框

选择"活动单元格右移"单选按钮将选中单元格向右移,新单元格出现在选中单元格左边;选择"活动单元格下移"单选按钮将选中单元格向下移动,新单元格出现在选中单元格上方;单击"确定"按钮插入一个空白单元格。

2)行、列的插入

(1)选定要插入对象的位置。

(2)打开"开始"选项卡,选择"单元格"选项组中的"插入"→"插入工作表行"命令,选中单元格所在行向下移动一行;选择"单元格"选项组中的"插入"→"插入工作表列"命令,选中单元格所在列向右移动一列。

此外,在上述"插入"对话框中选择"整行"或"整列"单选按钮也可插入一个空行或空列。

5. 单元格、行、列的删除

1)单元格的删除

数据删除针对的对象是单元格,删除后选取的单元格连同里面的数据都从工作表中消失。

(1)选定要删除的单元格。

(2)打开"开始"选项卡,选择"单元格"选项组中的"删除"→"删除单元格"命令,系统弹出"删除"对话框,如图 4-9 所示。

图 4-9　"删除"对话框

选择"右侧单元格左移"或"下方单元格上移"单选按钮来填充被删除单元格后留下的空缺。

2)行、列的删除

在"删除"对话框中,选择"整行"或"整列"单选按钮将删除选取区域所在的行或列,其下方行或右侧列自动填充空缺。当选定要删除的区域为若干整行或若干整列时,将直接删除而不出现对话框。

6. 设置行高和列宽

选中需要设置高度和宽度的单元格区域,然后使用"开始"选项卡,选择"单元格"选项组中的"格式"→"单元格大小"→"行高"命令,在对话框中进行"行高"的设置。"列宽"的设置方法与行高的设置方法相同。

7. 数据复制和移动

数据的复制或移动一般是指单元格、行、列数据的复制与移动。

1）数据的复制与移动

（1）选定要复制的操作对象。

（2）打开"开始"选项卡，选择"剪贴板"选项组中的"复制"命令，或在选定的操作对象上右击，从弹出的快捷菜单中选择"复制"命令。

（3）选择目标单元格或区域。

（4）打开"开始"选项卡，选择"剪贴板"选项组中的"粘贴"命令，或在目标单元格上右击，从弹出的快捷菜单中选择"粘贴"命令。

数据移动与复制类似，可以利用剪贴板先"剪切"再"粘贴"方式，也可以用鼠标拖放，但不按 Ctrl 键，完成数据的移动功能。

2）选择性粘贴

一个单元格含有多种特性，如内容、格式、批注等，另外它还可能是一个公式，含有有效规则等，复制数据时往往只需复制它的部分特性。此外复制数据的同时，还可以进行算术运算、行列转置等。这些都可以通过选择性粘贴来实现。

（1）选定要复制的操作对象。

（2）打开"开始"选项卡，选择"剪贴板"选项组中的"复制"命令，或在选定的操作对象上右击，从弹出的快捷菜单中选择"复制"命令。

（3）选择目标单元格或区域。

（4）打开"开始"选项卡，选择"剪贴板"选项组中的"粘贴"→"选择性粘贴"命令，系统弹出"选择性粘贴"对话框。

（5）在该对话框中，选择"粘贴"选项组中的"全部"单选按钮，将源单元格所有属性都粘贴到目标单元格中，如图 4-10 所示。

（6）单击"确定"按钮，完成选择性粘贴。

4.3.3　自动填充

Excel 为用户提供了强大的自动填充数据功能，通过这一功能，用户可以非常方便地填充数据。

自动填充数据是指在一个单元格内输入数据后，与其相邻的单元格可以自动地输入一定规则的数据。它们可以是相同的数据，也可以是一组等差序列或等比序列。自动填充数据的方法有两种：鼠标拖动填充数据和使用命令填充数据。

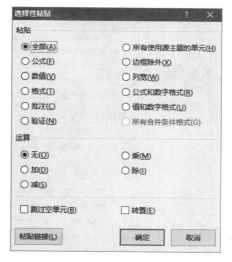

图 4-10　"选择性粘贴"对话框

1．鼠标拖动填充数据

如果只选定一个单元格，则可以通过拖动的方法来输入相同的数值；如果选定了多个单元格并且各单元格的值存在等差或等比的规则，则可以输入一组等差或等比数据。

操作步骤如下：

（1）在第一个单元格中输入数值，若填充的数据是等差或等比数列，则需要在前两个单元格中输入初始数据。

（2）选定已输入数据的单元格区域。

（3）将鼠标放到选定区域右下角的填充句柄位置，鼠标变成实心十字形状。

（4）鼠标向下拖曳填充柄到结束位置。

2. 使用命令填充数据

操作步骤如下：

（1）在第一个单元格中输入初始数值，如"星期一"。

（2）选中要填充的单元格区域。

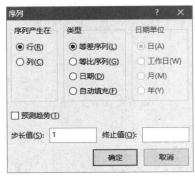

图 4-11　"序列"对话框

（3）单击"开始"选项卡上"编辑"选项组中的"填充"按钮，展开填充列表，选择"序列"选项，打开"序列"对话框，如图 4-11 所示。

（4）选择"列"或"行"单选按钮，以及填充类型"自动填充"，然后单击"确定"按钮。

3. 建立自定义序列

在 Excel 中，有时系统提供的序列不能完全满足用户的需求，这时用户可以添加自己的序列。添加自定义序列的步骤如下：

（1）选择"文件"→"选项"命令，系统弹出"Excel 选项"对话框，如图 4-12 所示。

图 4-12　"Excel 选项"对话框

（2）选择"高级"选项卡，在右侧的"常规"选项组中单击"编辑自定义列表"按钮，如图 4-13 所示。

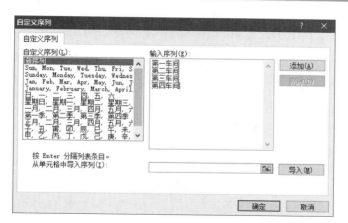

图 4-13　"自定义序列"对话框

（3）系统弹出"自定义序列"对话框，在"输入序列"文本框中输入需要定义的序列项，每输入一个按一次回车键。

（4）单击"添加"按钮，则新添加的序列出现在"自定义序列"列表框中，如图 4-14 所示。

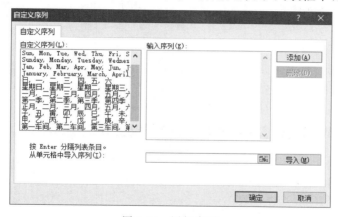

图 4-14　添加序列

4. 插入其他对象

在 Excel 2016 中，在工作表中可以插入其他对象，如符号、图片、对象、超链接、批注等。插入符号、图片、对象和超链接的操作方法与 Word 2016 中的操作方法基本相同。

用户可以为单元格插入批注内容，对单元格中的内容进行进一步的说明和解释。

插入批注的操作步骤如下：

（1）选中需要添加批注的单元格，切换到"审阅"选项卡，单击"批注"选项组中的"新建批注"按钮。

（2）在选定的单元格右侧会弹出一个批注框，用户可以在此框中输入对单元格进行解释和说明的文本内容。

（3）输入完成后，返回工作表中，用户可以看到添加了批注内容的单元格右上角显示一个红色的小三角标记符号。

（4）如果将鼠标再次放置到该单元格位置处，则可自动弹出插入的批注框并显示批注的内容。

如果用户需要对添加的批注框进行删除，则选中该单元格，再在"批注"选项卡中单击"删除"按钮即可。

4.4　单元格的格式设置

在制作工作表时,用户同样可以对其进行字体、文本对齐等内容的设置。与 Word 2016 相同,用户首先选定需要设置的单元格,通过"开始"选项卡的"字体"和"对齐方式"选项组中相应的按钮对单元格的格式进行设置。

除此之外,用户还可以通过"单元格"选项组中的"格式"→"设置单元格格式"下拉按钮打开对话框,进行更多选项设置。在"设置单元格格式"对话框中,有 6 个选项卡,分别为数字、对齐、字体、边框、填充和保护。用户可以改变单元格中文本的对齐方式、改变数据的字体、增加边框和线条、设置单元格底纹等。

1. 设置数字格式

Excel 中的数据类型有常规、数字、货币、会计专用、日期、时间、百分比、分数和文本等。为单元格中的数据设置不同数字格式只是更改它的显示形式,不影响其实际值。

(1) 在 Excel 2016 中,若想为单元格中的数据快速设置会计数字格式、百分比样式、千位分隔或增加、减少小数位数等,则直接单击"开始"选项卡上"数字"选项组中的相应按钮即可。

(2) 若希望选择更多的数字格式,则可单击"数字"选项组中"数字格式"下拉列表框"常规"右侧的三角按钮,在展开的下拉列表中选择数字、货币、会计专用、日期、时间等。

(3) 此外,若希望为数字格式设置更多选项,可单击"数字"组右下角的对话框启动器按钮,打开"设置单元格格式"对话框中的"数字"选项卡进行设置,如图 4-15 所示。

图 4-15　"数字"选项卡

选项卡左侧的"分类"列表框分类列出数字格式的类型,右侧显示该类型的格式。用户可以直接选择系统已定义好的格式,也可以修改格式,如小数位数等。此处小数位数选择 2,假定单元格中输入的是数字 125.569,则数字格式示例即显示出 125.57。单击"确定"按钮,这时屏幕上的单元格显示的是格式化后的数字,编辑栏显示的是系统实际存储的数据。

2. 设置对齐格式

默认情况下,Excel 根据我们输入的数据自动调节数据的对齐格式,如文本为左对齐、数值内容为右对齐等。对于简单的对齐操作,可在选中单元格后直接单击"开始"选项卡上"对齐方式"选项组中的相应按钮实现对齐。对于较复杂的对齐操作,则可以利用"设置单元格格式"对话框中的"对齐"选项卡来进行,如图 4-16 所示。用户可以自己设置对齐格式,示例如图 4-17 所示。

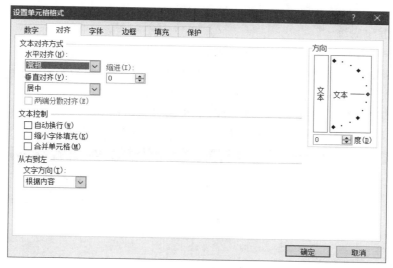

图 4-16　"对齐"选项卡

图 4-17　对齐格式示例

单元格数据的对齐方法有两类,分别为水平对齐和垂直对齐。

(1) 水平对齐:包括常规、靠左、居中、靠右、填充、两端对齐、跨列居中、分散对齐。

(2) 垂直对齐:包括靠上、居中、靠下、两端对齐和分散对齐。

单元格中文本的显示控制可以由该选项卡中的选项来解决,各选项功能如下。

(1) "自动换行"复选框:输入的文本根据单元格列宽自动换行。

(2) "缩小字体填充"复选框:减小单元格中的字符大小,使数据的宽度与单元格列宽相同。

(3) "合并单元格"复选框:将多个单元格合并为一个单元格。它通常与"水平对齐"下拉列表中的"居中"选项结合,用于标题的对齐显示。"对齐方式"选项组中的"合并及居中"按钮▦直接提供了此功能。

(4) "文字方向"列表框:用来指定单元格中字符的排列顺序。

(5) "方向"栏:用来改变单元格文本旋转的角度,角度范围是-90 度～90 度。

3．设置字体格式

默认情况下，在单元格中输入数据时，字体为宋体、字号为 11、颜色为黑色。若要重新设置单元格内容的字体、字号、字体颜色和字形等字符格式，则选中要设置格式的单元格，然后单击"开始"选项卡上"字体"选项组中的相应按钮即可。

4．设置边框和底纹

在工作表中所看到的单元格都带有浅灰色的边框线，这是 Excel 默认的网格线，不会被打印出来。而在制作报表时，常常需要把报表设计成各种各样的表格形式，使数据及其说明文字层次更加分明，这时可以通过设置表格和单元格的边框和底纹来实现。

对于简单的边框和底纹，在选定要设置的单元格后，利用"开始"选项卡上"字体"选项组中的"边框"按钮和"填充颜色"按钮进行设置。"边框"选项卡如图 4-18 所示。

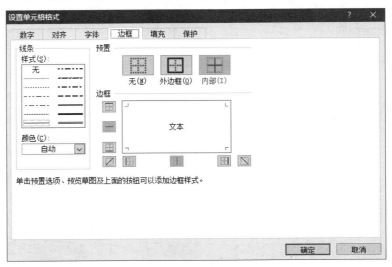

图 4-18 "边框"选项卡

若要改变边框线的样式、颜色，以及设置渐变色、图案底纹，可利用"设置单元格格式"对话框中的"边框"和"填充"选项卡进行设置。填充用于设置单元格的底纹，"填充"选项卡如图 4-19 所示。

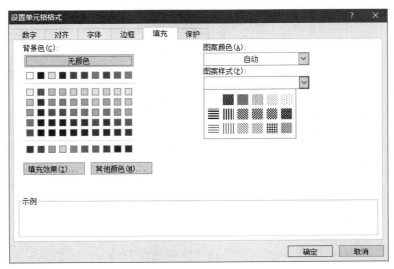

图 4-19 "填充"选项卡

边框线可以放置在所选区域各单元格的上、下、左、右、外框、斜线,边框线的式样有点虚线、实线、粗实线、双线等,可在"样式"列表框中进行选择;在"颜色"列表框中可以选择边框线的颜色。

5.设置条件格式

条件格式可以使数据在满足不同的条件时,显示不同的格式。如处理学生成绩时,可以对不及格、优等不同分数段的成绩以不同的格式显示。

设置条件格式的操作步骤如下:

(1)选定要添加条件格式的单元格区域。

(2)单击"开始"选项卡上"样式"选项组中的"条件格式"按钮,在展开的列表中列出了5种条件规则,这里选择"突出显示单元格规则",然后在其子列表中选择某个条件,这里选择"大于",如图4-20所示。

图4-20　"条件格式"展开的列表

(3)在打开的对话框中设置具体的"大于"条件值,并设置大于该值时的单元格显示的格式,单击"确定"按钮,即可对所选单元格区域添加条件格式。条件格式对话框如图4-21所示。

图4-21　条件格式对话框

4.5　公式与函数的使用

在Excel中除了进行一般的表格处理外,最主要的还是它的数据计算功能。使用公式不仅对各种数据进行各种运算,如加、减、乘、除等,还可以进行逻辑运算或比较运算。当改变了工作表内与公式有关的数据,Excel会自动更新计算结果。

函数是预定义的内置公式,它使用被称为参数的特定数值,按照语法的特定顺序计算。一个函数包括两个部分:函数的名称和函数的参数。例如,SUM 是求和的函数,AVERAGE 是求平均值的函数,MAX 是求最大值的函数。函数的名称表明函数的功能,函数的参数可以是数字、文本、逻辑值。

1. 单元格引用

单元格引用用于表示单元格在工作表所处位置的坐标值。例如,显示在第 C 列和第 3 行交叉处的单元格,其引用形式为"C3"。

通过引用,用户可以在公式中使用工作表不同部分的数据,或在多个公式中使用同一个单元格的数值。为了便于区别和应用,Excel 把单元格的引用分成了三种类型,即相对引用、绝对引用和混合引用。

1) 相对引用

单元格相对引用是指相对于公式所在单元格相应位置的单元格。

当此公式被复制到其他单元格时,Excel 能够根据移动的位置调节引用单元格。例如,将 D7 这一单元格中的公式"=D3+D4+D5+D6"填充到(即公式复制到)G7 中,则其公式内容也将改变为"=G3+G4+G5+G6"。

2) 绝对引用

绝对引用是指向工作表中固定位置的单元格,它的位置与包含公式的单元格无关。例如,在复制单元格时,不想使某些单元格的引用随着公式位置的改变而改变,则需要使用绝对引用。对于 B1 引用格式而言,如果在列号、行号前面均加上"$"符号,则代表绝对引用单元格。例如,把单元格 B3 的公式改为"=$B$1+$B$2",然后将该公式复制到单元格 C3 时,公式仍然为"=$B$1+$B$2"。

3) 混合引用

混合引用包含一个相对引用和一个绝对引用。其结果就是可以使单元格引用的一部分固定不变,一部分自动改变。这种引用可以是行使用相对引用,列使用绝对引用,也可以是行使用绝对引用,而列使用相对引用。例如,Y$32 即为混合引用。

2. 公式中的运算符

运算符用于对公式中的元素进行特定类型的运算。Excel 包含 4 种类型的运算符:算术运算符、比较运算符、文本运算符和引用运算符。表 4-1 列出了常用的运算符。

表 4-1　Excel 公式中的运算符

名　称	表　示　形　式
算术运算符	"+"(加)、"−"(减)、"*"(乘)、"/"(除)、"%"(百分号)和"^"(乘幂)
比较运算符	"="(等于)、">"(大于)、"<"(小于)、">="(大于或等于)、"<="(小于或等于)和"<>"(不等于)
文本运算符	"&"(字符串连接)

还有一类运算符用于表示引用单元格的位置,称为引用运算符。引用运算符有":"(冒号)、","(逗号)和空格。其中,冒号为区域运算符。例如,A1:A15 是对单元格 A1 和 A15 之间(包括 A1 和 A15)的所有单元格的引用。逗号为联合运算符,可以将多个引用合并为一个引用。例如,SUM(A1:A15,B1)是对 B1 及 A1 和 A15 之间(包括 A1 和 A15)的所有单元格求和。空格为交叉运算符,产生对同时属于两个引用的单元格区域的引用。例如,SUM(A1:A15 A1:F1)中,单元格 A1 同时属于两个区域。

3. 函数

Excel含有大量的函数,可以帮助进行数学、文本、逻辑、在工作表内查找信息等计算工作,使用函数可以加快数据的录入和计算速度。

函数的一般格式为

函数名(参数1,参数2,参数3,…)

在活动单元格中用到函数时需以"="开头,直接输入相应的函数,函数名的写法不分大小写。也可以选择"公式"→"插入函数"命令,通过函数参数对话框选择函数并进行参数设置。Excel常用函数及其功能如表4-2所示。

表 4-2　Excel 常用函数及其功能

函　数　名	功　　　能
ABS	求出参数的绝对值
AND	"与"运算,返回逻辑值,仅当有参数的结果均为逻辑"真(TRUE)"时返回逻辑"真(TRUE)",反之返回逻辑"假(FALSE)"
AVERAGE	求出所有参数的算术平均值
MAX	求出一组数中的最大值
MIN	求出一组数中的最小值
MOD	求出两数相除的余数
MONTH	求出指定日期或引用单元格中的日期的月份
NOW	给出当前系统日期和时间
OR	仅当所有参数值均为逻辑"假(FALSE)"时返回逻辑"假(FALSE)",否则都返回逻辑"真(TRUE)"
RIGHT	从一个文本字符串的最后一个字符开始,截取指定数目的字符
SUM	求出一组数值的和
SUMIF	计算符合指定条件的单元格区域内的数值之和
TEXT	根据指定的数值格式将相应的数字转换为文本形式
TODAY	给出系统日期
VALUE	将一个代表数值的文本型字符串转换为数值型
COUNTIF	统计某个单元格区域中符合指定条件的单元格数目
IF	根据对指定条件的逻辑判断的真假结果,返回相对应条件触发的计算结果
INT	将数值向下取整为最接近的整数
LEFT	从一个文本字符串的第一个字符开始,截取指定数目的字符
LEN	统计文本字符串中字符数目

函数的输入方法有如下几种。

1) 手工输入

手工输入函数与公式的输入方法相同,只需先在输入框中输入一个等号"=",然后再输入格式本身。

2) 使用函数向导输入

对于参数较多或者比较复杂的函数,为了避免输入过程中产生错误,可以使用函数向导输入,操作步骤如下:

(1) 选中要添加函数的单元格。

(2) 单击"公式"选项卡,选择"函数库"选项组中的"插入函数"命令,打开"插入函数"对话框,如图4-22所示。

(3) 在"选择函数"列表框中选择所需要的函数,在该对话框下方显示了该函数的功能。

图 4-22　"插入函数"对话框

（4）单击"确定"按钮，打开"函数参数"对话框，如图 4-23 所示。

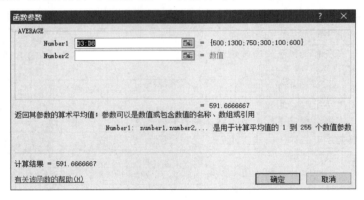

图 4-23　"函数参数"对话框

（5）输入参数或使用按钮 选择数据区域，然后单击"确定"按钮。

4．自动求和

自动求和是经常用到的公式，为此 Excel 提供了一个强有力的工具——自动求和按钮。自动求和实际上代表了求和函数 SUM。

使用自动求和按钮输入格式的操作步骤如下：

（1）选定要存放求和结果的单元格。

（2）选择"公式"→"函数库"→"自动求和"命令 Σ 。

（3）用鼠标选定要求和的单元格区域。

（4）按回车键确认。

4.6　图表

图表是工作表数据的图形表示，可以帮助用户分析和比较数据之间的差异。当工作表中的数据源发生变化时，图表中对应项的数据也自动更新。

4.6.1 图表的组成

图表由许多部分组成,每一部分就是一个图表项,如图表区、绘图区、标题、坐标轴、数据系列等,如图 4-24 所示。

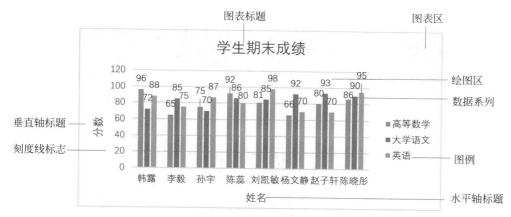

图 4-24 图表组成元素

下面介绍图表中的常用术语。

(1) 图表区域:整个图表和图表中的数据被称为图表区域。

(2) 图例:用于标识图表中数据系列或分类指定的图案或颜色。

(3) 数据标志:图表中的条形、面积、圆点、扇形或其他符号,代表源于数据表单元格的单个数据值。图表中的相关数据标志构成了数据系列。

(4) 数据系列:在图表中绘制的相关数据点,这些数据源自数据表的行和列。图表中的每个数据系列具有唯一的颜色或图案,并且在图表的图例中表示。可以在图表中绘制一个或多个数据系列,其中饼图只有一个数据系列。

(5) 图表标题:图表标题是说明性的文本,可以自动与坐标轴对齐或在图表顶部居中。

(6) 数据标签:为数据标志提供附加信息的标签,数据标签代表源于数据表单元格的单个数据值。

图表区表示整个图表区域;绘图区位于图表区域的中心,图表的数据系列、网络线等位于该区域中。

Excel 2016 图表类型有十多种,如柱形图、折线图、饼图、条形图、面积图、散点图等,用户可以用多种方式表示工作表中的数据,如图 4-25 所示。一般用柱形图比较数据间的多少关系,用折线图反映数据的变化趋势,用饼图反映数据之间的比例分配关系。

图 4-25 图表类型

4.6.2 图表的创建

Excel 2016 中的图表有两种类型,一种是嵌入式的图表,它和创建图表的数据源放置在同一张工作表中,打印的时候也同时打印;另一种是独立图表,它是一张独立的图表工作表,打印时也将与数据表分开打印。

图表的创建,一般先选定创建图表的数据区域。若选定的区域有文字,则文字应在区域的最左列或最上行,作为说明图表中数据的含义。

　　Excel 提供了自动生成统计图表的工具。在标准类型和自定义类型中有多种二维图表和三维图表,而每种图表类型具有多种不同的子图表类型。创建图表时可根据数据的具体情况选择图表类型,下面以创建柱形图为例介绍创建图表的方法。操作步骤如下:

　　(1)打开"2023级计算机专业期末考试成绩.xlsx"图表文件,选中需要创建图表的单元格区域,如图 4-26 所示。

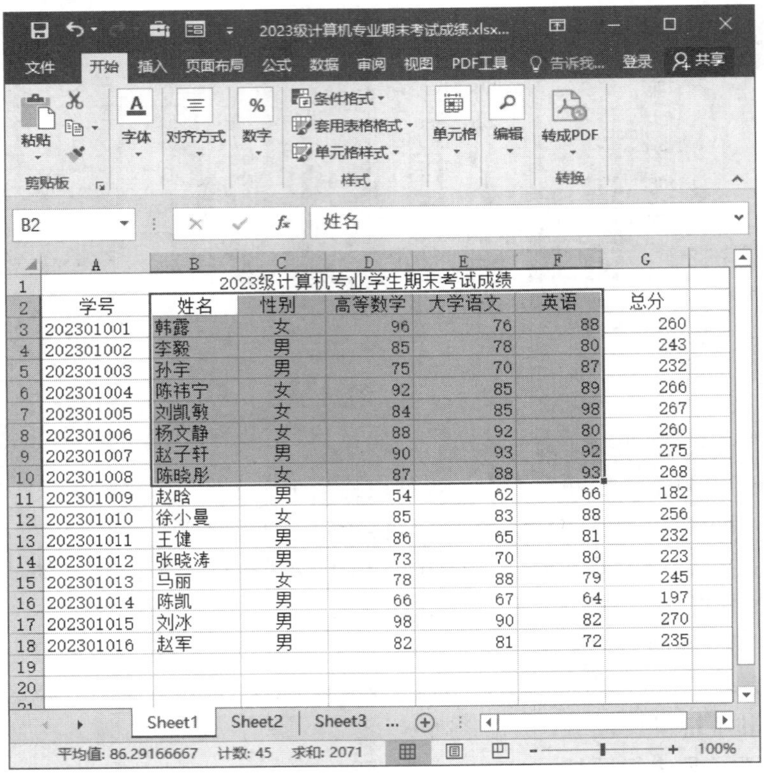

图 4-26　选中要创建图表的单元格区域

　　(2)选择"插入"选项卡,单击"图表"选项组中的对话框启动器,系统弹出"插入图表"对话框。

　　(3)选择"所有图表"选项卡,单击左侧的"柱形图"选项,然后在右侧的子集中选择一种图表类型,这里选择"簇状柱形图",选择完毕后,单击"确定"按钮,如图 4-27 所示。

　　(4)经过以上操作后,工作表中即插入了用户需要的图表,如图 4-28 所示。

4.6.3　图表的编辑

　　图表创建好以后,显示的效果也许并不理想,此时就需要对图表进行适当的编辑,如更改图表的布局、更改图表类型和数据区域等。

　　当图表被激活时,显示"图表工具"栏,其中包含"图表布局""图表样式""数据""类型""位置"等多个选项组,如图 4-29 所示。"图表工具"栏为图的修改提供了很多方便。

1. 更改图表的类型和布局

1)更改图表的类型

　　(1)选中要更改的图表。

　　(2)按鼠标右键,从弹出的快捷菜单中选择"更改图表类型"命令。

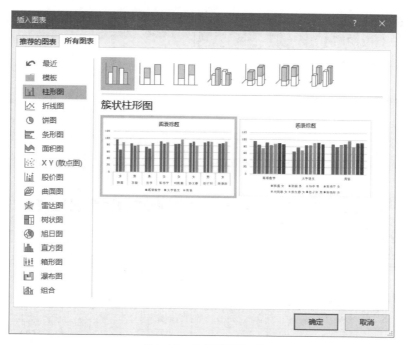

图 4-27 选择图表类型

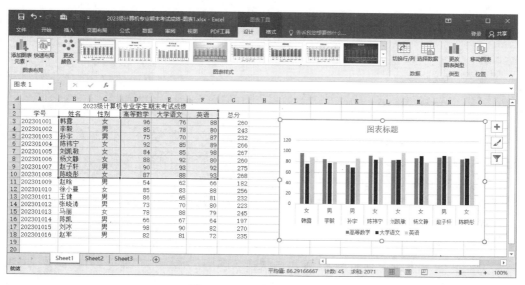

图 4-28 显示插入的柱形图

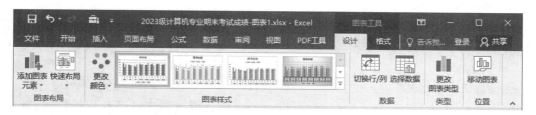

图 4-29 "图表工具"栏

（3）在弹出的"更改图表类型"对话框中选择所需要的图表类型。

（4）单击"确定"按钮。

2）更改图表的布局

（1）选中要更改的图表。

（2）打开"图表工具"栏，选择"设计"选项卡中的"图表布局"→"快速布局"，再选择自己需要的布局类型。

2. 更改图表的数据区域

（1）选中要更改的图表。

（2）按鼠标右键，从弹出的快捷菜单中选择"选择数据"命令。

（3）在弹出的"选择数据源"对话框中，可以选择"图表数据区域""图例项（系列）""水平（分类）轴标签"，如图 4-30 所示。

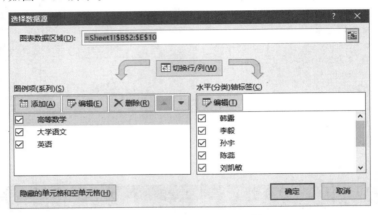

图 4-30　"选择数据源"对话框

（4）单击"确定"按钮。

4.6.4　图表的格式化

创建图表后，还可以为图表区、绘图区和图表中的各个元素设置格式效果。例如，为图表区添加背景，为图表标题设置填充、样式等。

1. 图表的文字格式化

图表标题、轴坐标标题、图例文字等都可以按下面的类似步骤处理。

（1）单击图表区。

（2）单击要定义的文字对象，使标题周围出现带小方柄的外框。

（3）在单个对象上按鼠标右键，从弹出的快捷菜单中选择"字体"命令，可以设置文字的字体大小、样式、字符间距等，或者选择"设置图表标题格式"，可以设置文字的填充、边框等。

（4）单击"确定"按钮。

除此之外，在 Excel 2016 中还提供了文字的艺术字样式的设置，在"图表工具"栏"格式"选项卡下的"艺术字样式"选项组中提供了多种样式，包括"文本填充""文本填充轮廓""文字效果"。

2. 设置图表区格式

用户通过"设置图表区格式"对话框可以为整个图表设置填充效果和边框样式、颜色等效果。

（1）选中要更改的图表。

（2）按鼠标右键，从弹出的快捷菜单中选择"设置图表区格式"命令。

（3）系统弹出的"设置图表区格式"对话框如图 4-31 所示，可在其中进行"填充""边框颜色""边框样式""阴影""三维格式""大小""属性"等项的设置。单击"图表工具"栏中"格式"选项卡下的"形状样式"选项组右下角的对话框启动器按钮 ，也可以打开"设置图表区格式"对话框。

图 4-31　"设置图表区格式"对话框

（4）单击"关闭"按钮。

除了上述的方法，选中图表，单击图表右侧的按钮 ，可以为图表添加坐标轴标题、图表标题、网格线等。

4.7　数据管理

Excel 2016 中提供了排序、筛选、分类汇总和数据透视表等功能，可以使用这些功能对工作表中的数据进行管理。

4.7.1　数据清单

数据清单是包含列标题的一组连续数据行的工作表。数据清单由两个部分构成：表结构和纯数据。表结构是数据清单中的第一行，即列标题，Excel 利用这些标题名进行数据的查找、排序和筛选，其他每一行为一条记录，每一列为一个字段；纯数据是数据清单中的数据部分，是 Excel 实施管理功能的对象，不允许有非法数据出现。数据清单的构成与数据库类似。

在 Excel 中创建数据清单的原则是：每个工作表最好只有一个数据列表，否则在工作表的数列表和其他数据间至少留出一个空白列和一个空白行。列表中则应避免空白行和空白列，单元格不要以空格开头。

数据列表与一般工作表的区别，还在于数据列表必须有列名，且每一列必须是同类型的数据。可以说数据列表是一种特殊的工作表。前面举的学生成绩表的例子正好符合数据清单的条件，如图 4-32 所示。

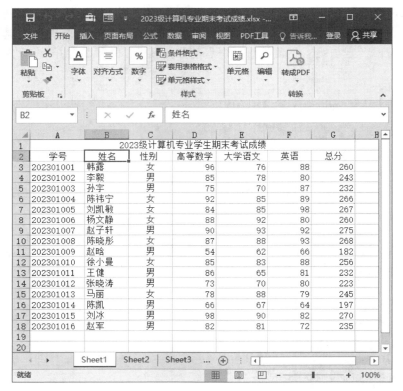

图 4-32　数据清单示意图

数据清单可像一般工作表一样直接进行建立和编辑。在编辑数据清单时还能够以记录为单位进行编辑,操作步骤如下。

(1) 选择"文件"→"选项"命令,在弹出的"Excel 选项"对话框的左侧窗口中选择"快速访问工具栏",在右侧窗口中选择"不在功能区中的命令",选择"记录单",然后单击"添加"按钮,并单击"确定"按钮,此时"记录单"命令就添加到了快速访问工具栏,如图 4-33 所示。此种方法可以把不在功能区中的命令都添加到快速访问工具栏,方便用户的操作。

(2) 单击数据清单中的任意单元格。

(3) 单击"快速访问工具栏",选择"记录单"命令,打开记录编辑的对话框,如图 4-34 所示,进行记录编辑。

① 对话框最左列显示记录的各字段名(列名),其后显示各字段内容,右上角显示的分母为总记录数,分子表示当前显示记录内容为第几条记录。

② 在数据清单中增加一条记录,既可在工作表中增加空行输入数据来实现,也可单击上述对话框中的"新建"按钮后输入数据实现,新建记录位于列表的最后,且可一次连续增加多条记录。

③ 当要删除记录时,可先找到该记录,再单击"删除"按钮实现。

(4) 单击"关闭"按钮。

4.7.2　数据排序

1. 简单数据排序

简单排序就是将数据表中的某一列的数据按升序或者降序排列。

(1) 升序排列:以某个字段的数据为标准按照从小到大的顺序进行排列。

图 4-33　添加"记录单"到快速访问工具栏

（2）降序排列：以某个字段的数据为标准按照从大到小的顺序进行排列。

在按升序排序时，Excel 使用以下规则排序：

（1）数值从最小的负数到最大的正数排序。

（2）文本按 A～Z 排序。

（3）不论升序还是降序，空格都排在最后。

假设要对学生的"总分"成绩进行排列，简单排序的具体步骤如下：

（1）在"总分"所在的列中任意选择一个单元格。

（2）打开"数据"选项卡，单击"排序和筛选"选项组中的"降序排列"按钮 ↓。

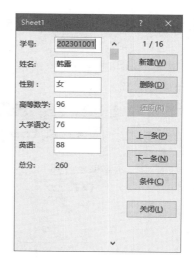

图 4-34　记录编辑

按"总分"成绩降序排列后结果如图 4-35 所示。可将学生数据按总分从高到低排列。"升序排列"按钮正好相反。

2. 复杂数据排序

如果排序要求复杂一点，比如想先将学生成绩按"总分"降序排列，总分相同时，再按英语得分降序排列，此时排序不再局限于单列，必须使用"数据"选项卡，单击"排序和筛选"选项组中的"排序"按钮，可实现复杂排序。

复杂排序的具体步骤如下：

（1）选择"数据"选项卡，单击"排序和筛选"选项组中的"排序"按钮。

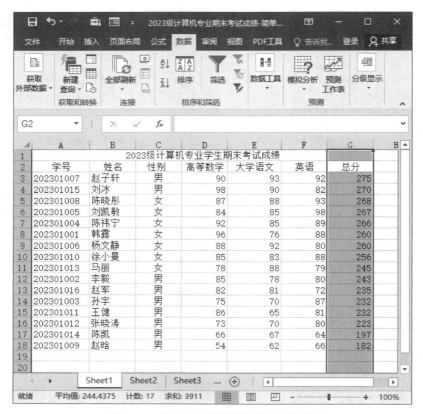

图 4-35　按总分成绩进行降序排列结果

　　（2）在"排序"对话框中，从"主要关键字"下拉列表框中选择"总分"，排序依据选择"数值"，并选择"降序"；单击"添加条件"按钮，添加次要关键字，从"次要关键字"下拉列表框中选择"英语"，排序依据选择"数值"，并选择"降序"，如图 4-36 所示。单击"确定"按钮，得到排序结果，如图 4-37 所示。

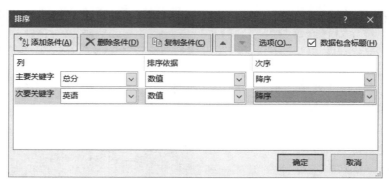

图 4-36　"排序"对话框

4.7.3　数据筛选

　　在数据清单中，如果用户要查看一些特定数据就需要对数据清单进行筛选。也就是从数据清单中选出符合条件的数据，将其显示在工作表中，而将那些不符合条件的数据隐藏起来，Excel 有自动筛选和高级筛选两种。自动筛选是筛选列表极其简便的方法，而高级筛选则可规定很复杂的筛选条件。

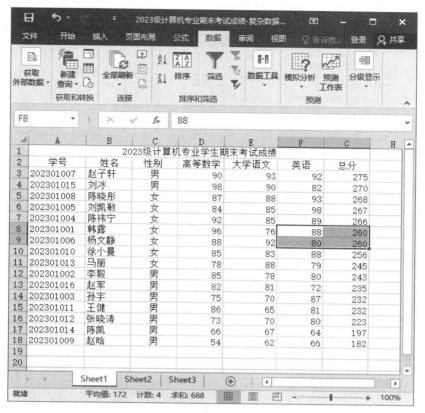

图 4-37　复杂排序结果

1．自动筛选

自动筛选提供快速访问数据清单的管理功能，通过简单的操作，用户就能够筛选出那些想看到的数据。

在学生期末考试成绩表中，将"高等数学"成绩高于 90 分（含等于 90 分）的学生筛选出来，具体的操作步骤如下：

（1）打开"数据"选项卡，单击"排序和筛选"选项组中的"筛选"按钮 ，此时在数据列表中的每个字段名的右侧出现一个下拉按钮 。

（2）单击"高等数学"列标题中的箭头，显示出"筛选"列表，如图 4-38 所示，单击列表中的"数字筛选"命令，出现级联菜单。

（3）在级联菜单中选择"自定义筛选"命令，打开"自定义自动筛选方式"对话框，如图 4-39 所示。

（4）在"自定义自动筛选方式"对话框中，输入"高等数学"的筛选条件（大于或等于 90）。

（5）单击"确定"按钮，经过筛选后的数据清单如图 4-40 所示。这时可以看到其他成绩被隐藏。

2．高级筛选

利用"自动筛选"对各字段的筛选是逻辑与的关系，即同时满足各个条件。若实现逻辑或的关系，则必须借助于高级筛选。例如要找到"高等数学"成绩为 90 或"大学语文"成绩为 90 的"男"同学，"高级筛选"对话框如图 4-41 所示。

高级筛选的条件不是在对话框中设置的，而是在工作表的某个区域中给定的，因此在使用高级筛选之前需要建立一个条件区域。一个条件区域通常包含两行，至少有两个单元格。

图 4-38 "自定义筛选"条件

图 4-39 "自定义自动筛选方式"对话框

第一行中的单元格用来指定字段名称,第二行中的单元格用来设置对于该字段的筛选条件。同一行上的条件关系为逻辑与,不同行之间的条件关系为逻辑或。筛选的结果可以在数据清单位置显示,也可以在数据清单以外的位置显示。具体的操作步骤如下:

(1) 打开"数据"选项卡,单击"排序和筛选"选项组中的"高级"按钮 _{高级},系统弹出"高级筛选"对话框,如图 4-42 所示。

(2) 在对话框中选择"方式"为"在原有区域显示筛选结果",会自动生成"列表区域"值"＄A＄2：＄G＄18"。

(3) 选择 A20:C22 区域作为"条件区域"。

(4) 单击"确定"按钮。

4.7.4　分类汇总

分类汇总是指把数据表中的数据分门别类地进行统计处理,无须建立公式,Excel 将会自动对各类别的数据进行求和、求平均值、统计个数、求最大值和最小值等多种计算,并且分级显示汇总的结果,从而增加了工作表的可读性,使用户能更快地获得需要的数据并做出判断。

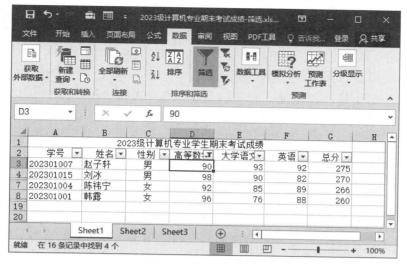

图 4-40 筛选后的结果

图 4-41 "高级筛选"对话框

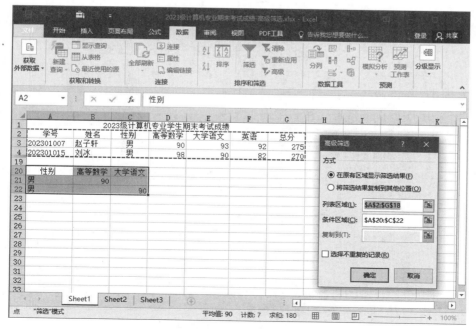

图 4-42 高级筛选结果

分类汇总分为简单分类汇总和嵌套分类汇总两种方式。无论哪种方式,进行分类汇总的数据表的第一行必须有列标签,而且在分类汇总之前必须先对数据进行排序,使数据中拥有同一类关键字的记录集中在一起,然后再对记录进行分类汇总操作。

1. 简单分类汇总

简单分类汇总指对数据表中的某一列以一种汇总方式进行分类汇总。例如,要对学生成绩表中男、女学生的平均成绩进行分类汇总,分别求出男、女同学总分的平均成绩。具体的操作步骤如下:

（1）按照前面所讲的方法先对"性别"字段进行排序操作。

（2）单击数据清单中的任意单元格。

（3）选择"数据"选项卡,单击"分级显示"选项组中的"分类汇总"按钮▦,打开"分类汇总"对话框,如图 4-43 所示。

（4）在"分类字段"下拉列表框中选择"性别"选项。

（5）在"汇总方式"下拉列表框中选择"平均值"选项。

（6）在"选定汇总项"列表框中选中"总分"。

（7）单击"确定"按钮,分类汇总结果如图 4-44 所示。

2. 嵌套分类汇总

对同一字段进行多种方式的汇总,则称为嵌套分类汇总。

图 4-43 "分类汇总"对话框

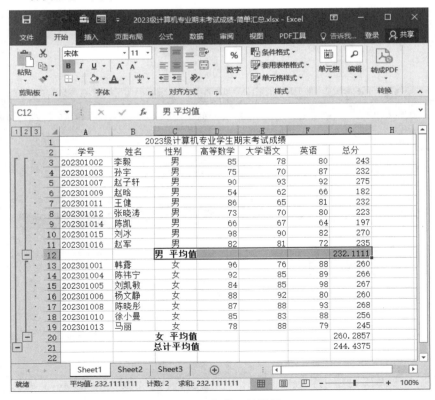

图 4-44 分类汇总结果

假如上例在求男、女生总分的平均成绩后，又想对男、女生人数计数，则可分两次进行分类汇总，本例先求平均分，操作方法如上例。在上例操作的基础上，再统计人数，这时取消选中"分类汇总"对话框中的"替换当前分类汇总"复选框，其他的设置与上例基本一样。对话框设置如图 4-45 所示，嵌套分类汇总结果如图 4-46 所示。

若要取消分类汇总，则单击"分类汇总"按钮，在弹出的对话框中单击"全部删除"按钮即可。

图 4-45　嵌套分类汇总设置

4.7.5　数据透视表

分类汇总适合于按一个字段进行分类，对一个或多个字段进行汇总。如果要对多个字段进行分类并汇总，则用数据透视表来解决此类问题。

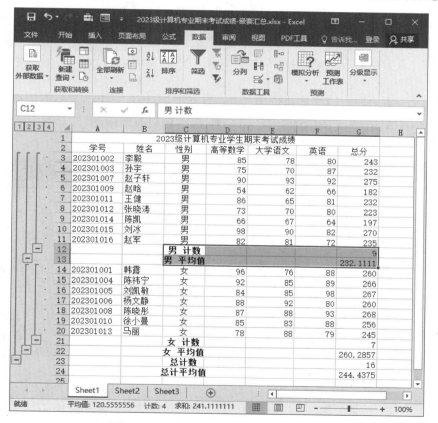

图 4-46　按性别进行嵌套分类汇总的结果

1. 建立数据透视表

如果用户要统计各专业方向男、女生的人数，此时既要按专业方向分类，又要按性别分类，这就可以利用数据透视表来解决。

（1）单击数据清单中的任意单元格。

（2）打开"插入"选项卡，单击"表格"选项组中的"数据透视表"按钮，系统弹出"创建数据透视表"对话框。

（3）在"创建数据透视表"对话框的"表/区域"编辑框中自动显示工作表名称和单元的引用，如图 4-47 所示。

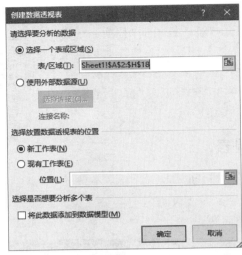

图 4-47　"创建数据透视表"对话框

（4）保持"新工作表"单选按钮的选中状态，表示将数据透视表放在新工作表中，如图 4-47 所示。

（5）单击"确定"按钮，打开创建数据透视表对话框，即可将一个空的数据透视表添加到指定位置，此时"数据透视表工具"选项卡自动显示，而且窗口右侧显示"数据透视表字段"窗格，以便用户添加字段、创建布局和自定义数据透视表，如图 4-48 所示。

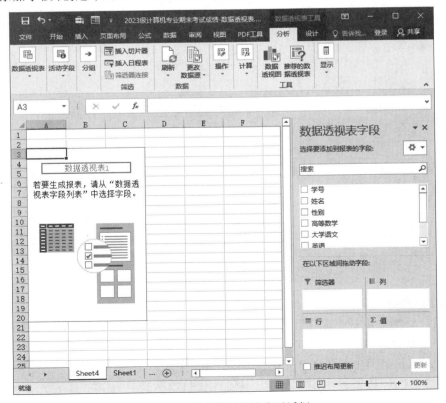

图 4-48　创建数据透视表对话框

（6）在"数据透视表字段"窗格中将所需字段拖到相应位置：将"性别"字段拖到"列"区域，将"专业方向"字段拖到"行"区域，将"性别"字段拖到"值"区域。

（7）在"值"区域，单击"性别"右侧的下拉箭头，选择"值字段设置"，弹出的对话框如图 4-49 所示。

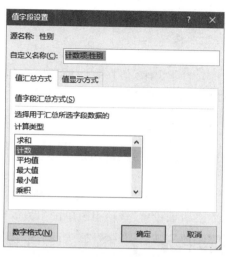

图 4-49　"值字段设置"对话框

（8）"计算类型"选择"计数"，然后单击"确定"按钮，即可完成数据透视表的创建。效果如图 4-50 所示。

图 4-50　创建好的数据透视表

2. 修改数据透视表

数据透视表建好以后,用户可以根据自己的需要进行修改。在创建好数据透视表时,Excel 会自动打开"数据透视表字段"窗格和"数据透视表工具"选项卡,它可用于对数据透视表的修改,如更改数据透视表的布局和改变汇总方式等,此处不再赘述。

4.8　打印操作

工作表制作完毕,一般都将其打印出来,但在打印前还需进行一些设置,如设置工作表页面、设置要打印的区域,以及对多页工作表进行分页预览等,这样才能按要求打印工作表。

4.8.1　页面设置

为了使工作表打印出来更加美观、大方,在打印之前需要对其进行页面设置,主要包括设置页边距、设置纸张大小和方向、设置页眉和页脚等。

打开"页面布局"选项卡,单击"页面设置"选项组右下角的对话框启动器按钮,在打开的"页面设置"对话框中进行设置。或在"页面设置"选项组中单击相关按钮进行设置,如图 4-51 所示。

图 4-51　"页面设置"选项组

1. 设置页边距

打开"页面设置"对话框中的"页边距"选项卡,在其中进行设置。例如,设置上、下、左、右页边距大小均为 2.3,页眉、页脚与页边距的距离均设为 1.5,表格内容的居中方式设为"水平"和"垂直",如图 4-52 所示。

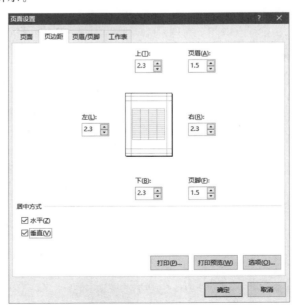

图 4-52　"页边距"选项卡

2. 设置纸张大小和方向

在"页面"选项卡中设置打印方向为"纵向"或"横向",调整"缩放比例"并设置"纸张大小"等。例如,将纸张大小设为"A4",方向设为"横向",如图4-53所示。

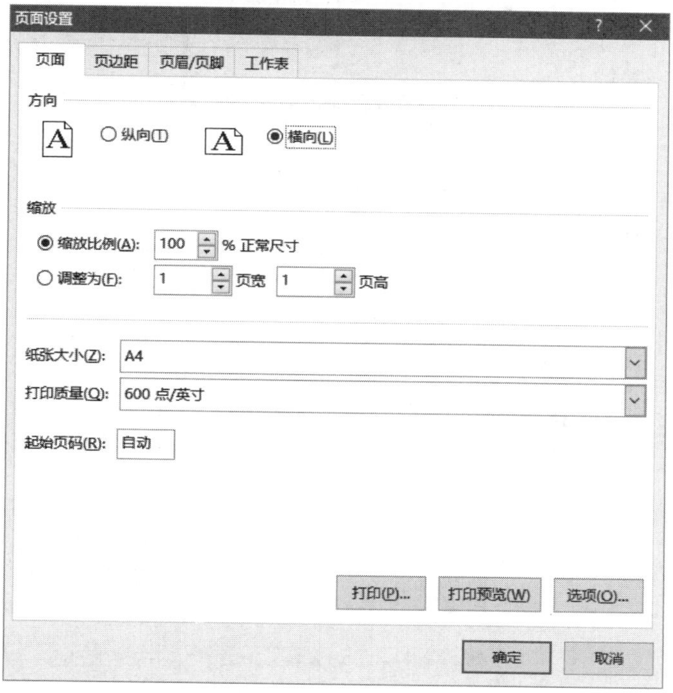

图4-53　"页面"选项卡

3. 设置页眉和页脚

页眉和页脚分别位于打印页的顶端和底端,通常用来打印表格名称、页号、作者名称或时间等。如果工作表有多页,为其设置页眉和页脚可方便用户查看。

打开"页面设置"对话框中的"页眉/页脚"选项卡,在"页眉"下拉列表框和"页脚"下拉列表框中选择预先设计好的页眉和页脚。若要自定义页眉、页脚,则可单击"自定义页眉"或"自定义页脚"按钮进行设置。例如,自定义页眉为"2023级计算机专业期末考试成绩-数据透视表",如图4-54所示。

4. 设置打印区域和打印标题

默认情况下,Excel会自动选择有文字的最大行和列作为打印区域。如果只需要打印工作表的部分数据,可以为工作表设置打印区域,仅将需要的部分打印出来。

如果工作表有多页,只有第一页能打印出标题行或标题列,为方便查看后面的打印稿件,要为工作表的每页都加上标题行或标题列。此时在"顶端标题行"或"左端标题列"栏中输入相应的单元格地址即可,也可以从工作表中选定表头区域。

4.8.2　打印预览和打印工作表

1. 打印预览

选择"文件"→"打印"命令,可以在其右侧的窗格中查看打印前的实际打印效果,如图4-55所示。

单击右侧窗格左下角的"上一页"按钮和"下一页"按钮,可查看前一页或后一页的预览效果。在这两个按钮之间的编辑框中输入页码数字,然后按回车键,可快速查看该页的预览效果。

图 4-54 "页眉/页脚"选项卡

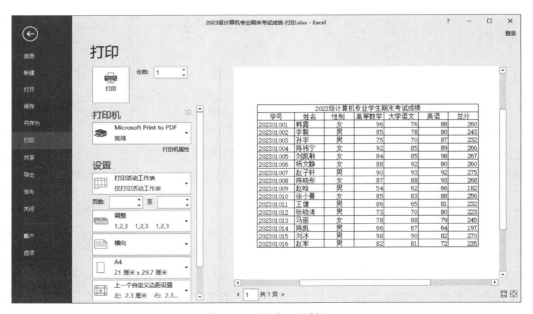

图 4-55 "打印"对话框

2. 打印工作表

确认工作表的内容和格式正确无误,并对各项设置都满意,就可以开始打印工作表了。如图 4-55 所示,在界面中间窗格的"份数"编辑框中输入要打印的份数;在"打印机"下拉列表框中选择要使用的打印机;在"设置"下拉列表框中选择要打印的内容;在"页数"编辑框中输入打印范围,然后单击"打印"按钮进行打印。"设置"下拉列表框中各选项的意义如下。

(1)打印活动工作表:打印当前工作表或选择的多个工作表。

（2）打印整个工作簿：打印当前工作簿中的所有工作表。

（3）打印选定区域：打印当前选择的单元格区域。

（4）忽略打印区域：表示本次打印中会忽略在工作表设置的打印区域。

思考与练习

一、选择题

1. 公式中的运算符包括_____、比较运算符、文本运算符和引用运算符4种。

    A. 算术运算符　　　　B. 计算运算符　　　　C. 数字运算符　　　　D. 逻辑运算符

2. 在复制公式时，无论如何改变公式的位置，其引用单元格地址都不会发生任何变化，是指_____。

    A. 相对引用　　　　B. 绝对引用　　　　C. 混合引用　　　　D. 随机引用

3. _____是工作簿中行列交汇处的区域，它可以保存数值、文字和声音等数据。

    A. 选项卡　　　　B. 编辑栏　　　　C. 单元格　　　　D. 工作表

4. 在 Excel 中，_____是编辑数据的基本元素。

    A. 选项卡　　　　B. 编辑栏　　　　C. 单元格　　　　D. 工作表

5. 如果想将修改或编辑过的文件另存为一份工作簿，可以选择"文件"→_____命令。

    A. "保存"　　　　B. "另存为"　　　　C. "新建"　　　　D. "关闭"

6. Excel 工作表"编辑栏"包括_____。

    A. 名称框　　　　B. 编辑框　　　　C. 状态栏　　　　D. 名称框和编辑框

7. 在 Excel 单元格中输入字符型数据，当宽度大于单元格宽度时正确的叙述是_____。

    A. 多余部分会丢失　　　　　　　　　　B. 必须增加单元格宽度后才能录入

    C. 右侧单元格中的数据将丢失　　　　D. 右侧单元格中的数据不会丢失

8. 在 Excel 操作中，选定单元格时，可选定连续区域或不连续区域单元格，其中有一个活动单元格，活动单元格的标识是_____。

    A. 黑底色　　　　B. 黑线框　　　　C. 高亮度条　　　　D. 白色

9. 工作簿默认的扩展名是_____。

    A. .xlcx　　　　B. .docx　　　　C. .xlsx　　　　D. .exe

10. 默认状态下，输入的数字数据在单元格中_____。

    A. 左对齐　　　　B. 右对齐　　　　C. 居中　　　　D. 不确定

二、简答题

1. 什么是单元格、工作表、工作簿？简述它们之间的关系。

2. 数据清除和数据删除的区别是什么？

3. 如何进行单元格的移动和复制？

4. 简述图表的建立过程。

5. 单元格的引用有几种方式？

6. 函数和公式有何不同？

7. 筛选的作用有哪些？

8. 打印工作表时应注意什么？

第5章 PowerPoint 2016演示文稿软件

CHAPTER 5

PowerPoint 是 Microsoft Office 软件包中的重要组件之一,是用于制作演示文稿和幻灯片的专用软件。用户使用该软件可以制作集文字、图形、图像和视频剪辑等多媒体元素于一体的演示文稿,从而将要表达的信息组织在一起并且可在计算机或大屏幕投影上播放,主要用于辅助教学、介绍公司的产品、展示自己的学术成果等。

5.1 PowerPoint 2016 概述

5.1.1 PowerPoint 2016 的基本功能

PowerPoint 2016 的功能非常强大,PowerPoint 2016 提供的各种操作为用户提供了完善的演示文稿设计、制作和编辑功能。PowerPoint 2016 的基本功能如下。

(1) 自动处理功能。PowerPoint 能自动生成规范的演示文稿页面,用户可以按照自己的需要添加所需要的内容。

(2) 图文编辑功能。PowerPoint 的图片库提供了丰富的图形和图像文件,可以使用户在编辑文字时加入图片,制作出图文并茂的演示文稿。

(3) 对象插入功能。PowerPoint 允许在幻灯片的任何位置插入外部对象,如 Word 文档、Excel 工作表或图表、其他演示文稿和多媒体对象。

(4) 动画播放功能。制作完成的演示文稿,可以在计算机或大屏幕上播放。PowerPoint 提供的幻灯片动画可以控制幻灯片播放的动画效果。

(5) 网络功能。使用 PowerPoint 制作的演示文稿,可以保存为 HTML 格式,并在 Internet 上发布。使用 PowerPoint 提供的 Web 工具栏可以浏览 Internet 上的其他演示文稿和包括超链接的 Office 文档。

5.1.2 PowerPoint 2016 的启动与退出

1. PowerPoint 2016 的启动

PowerPoint 2016 的启动可以通过以下几种方式:

(1) 用快捷方式快速启动。在桌面上直接双击 Microsoft Office PowerPoint 2016 快捷图标。

(2) 从快速启动栏启动。通过"开始"菜单中选项快速启动 PowerPoint 2016 程序。

(3) 从 Windows"开始"菜单启动。单击桌面上的"开始"菜单,在"所有程序"中选中 Microsoft Office PowerPoint 2016 命令。

(4) 直接双击某个 PowerPoint 文件,可以在启动 PowerPoint 2016 的同时打开该演示文稿。

2. PowerPoint 2016 的退出

退出 PowerPoint 2016 可以用以下方法：

（1）打开"文件"菜单，选择"关闭"命令。

（2）右击任务栏中的程序图标，在弹出的快捷菜单中选择"关闭"命令。

（3）单击窗口右上角的关闭按钮。

（4）使用系统提供的快捷键（即热键），按 Alt＋F4 键。

5.1.3　PowerPoint 2016 的用户界面

启动 PowerPoint 2016 后即可打开 PowerPoint 2016 的用户界面，如图 5-1 所示。

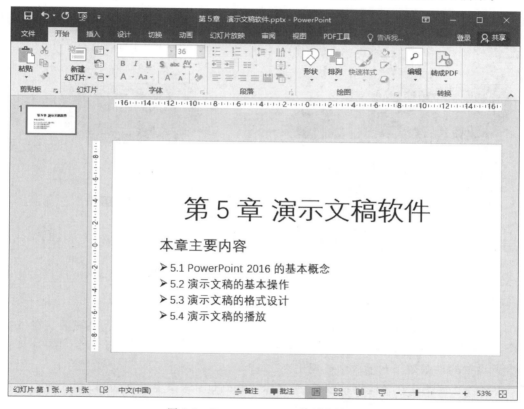

图 5-1　PowerPoint 2016 的用户界面

　　用户界面由标题栏、文件按钮、命令选项卡标签、功能区、工作区、幻灯片和大纲窗口、状态栏、备注窗口和视图按钮构成。文件按钮、命令选项卡标签、功能区和状态栏的功能和使用与 Word 2016 类似，但也有不同部分。

1. 工作区

　　工作区是制作幻灯片的区域，演示文稿由若干张幻灯片组成，所有幻灯片的编辑和修改均在工作区里进行。

2. 幻灯片和大纲窗口

　　幻灯片和大纲窗口有两个标签，分别为大纲标签和幻灯片标签。大纲标签以简要的文本显示演示文稿，而幻灯片标签列出了组成演示文稿的所有幻灯片。

3. 备注窗口

　　备注窗口用于为幻灯片添加备注，是对幻灯片的说明和注释，在播放时不显示备注。

4. 视图按钮

视图按钮位于工作区的左下角，PowerPoint 提供了 4 种显示方式分别为普通视图 、幻灯片浏览视图 和幻灯片放映视图 、备注页视图和阅读视图 。在不同的视图下，幻灯片显示的效果不同。

（1）普通视图。启动 PowerPoint 打开的窗口即为普通视图，如图 5-1 所示。普通视图用于制作、编辑幻灯片，为幻灯片添加注释和浏览单张幻灯片。

（2）幻灯片浏览视图。单击"幻灯片浏览视图"按钮，即可切换到幻灯片浏览视图，如图 5-2 所示。在幻灯片浏览视图中，显示演示文稿的所有幻灯片，可以对幻灯片进行复制、移动、删除等操作。

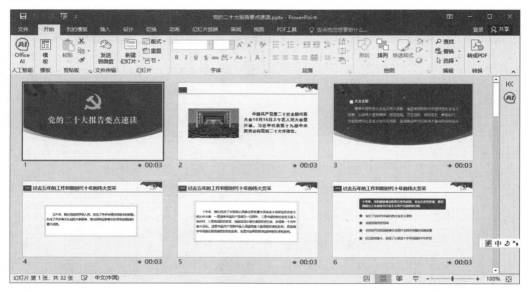

图 5-2　幻灯片浏览视图

（3）幻灯片放映视图。单击"幻灯片放映"按钮，将切换到幻灯片的放映视图。在该视图下，按顺序播放每张幻灯片，可以使用鼠标控制幻灯片的播放，也可以自动播放。幻灯片制作过程中所设置的动画效果在播放中显现出来。

（4）备注页视图。在备注页视图下，只显示一张幻灯片及其备注页，可以输入或编辑备注页的内容。

（5）阅读视图。阅读视图是指将演示文稿作为适应窗口大小的幻灯片放映的视图方式。该视图用于在本机上查看放映效果，而不是大屏幕放映演示文稿。

5.2　演示文稿的基本操作

演示文稿的基本操作包括演示文稿的创建与保存、演示文稿的编辑、幻灯片的编辑、演示文稿的格式设计等。

5.2.1　PowerPoint 中的基本概念

在使用 PowerPoint 之前，应首先掌握和理解 PowerPoint 中几个主要的基本概念：演示文稿、幻灯片、占位符、版式，这对于设计演示文稿非常重要。

1. 演示文稿和幻灯片

利用 PowerPoint 创建的文件称为演示文稿,其扩展名为.pptx。演示文稿由幻灯片组成,演示文稿和幻灯片之间的关系就像一本书和书中的每一页之间的关系。幻灯片的内容包括文字、图片、图表、表格、视频等。幻灯片是演示文稿的基本单位。

2. 占位符和版式

占位符是幻灯片中各种元素实现占位的虚线框,有标题占位符、文本占位符、内容占位符等。在内容占位符中可以插入表格、图表、SmartArt 图形、图片、剪贴画、媒体剪辑等各种对象。

版式是一个幻灯片的整体布局方式,是定义幻灯片上准备显示内容的位置信息。幻灯片本身只定义了幻灯片上要显示内容的位置和格式设置信息,可以包含需要表述的文字和幻灯片需要容纳的内容,也可以在版式或幻灯片母版中添加文字和对象占位符。但不能直接在幻灯片中添加占位符,对于一个新幻灯片,要根据幻灯片表现的内容来选择一个合适的版式。如图 5-3 所示的幻灯片为"标题和内容"版式的幻灯片,包含两个占位符,一个标题占位符,一个内容占位符。单击内容占位符中左下角的"插入来自文件的图片"图形,弹出"插入图片"对话框,选择文件中的一幅图片即可将其插入内容占位符内。

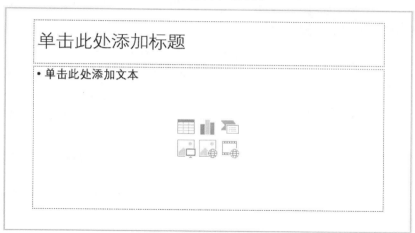

图 5-3　"标题和内容"版式幻灯片

5.2.2　演示文稿的创建

创建演示文稿可以采用两种方法,分别为创建空演示文稿和根据模板创建演示文稿。

1. 创建空演示文稿

创建空演示文稿有两种方法:

(1) 启动 PowerPoint 2016,打开 PowerPoint 窗口,如图 5-4 所示,在右边的窗格中列出了可以选择演示文稿的样本或模板,单击"空白演示文稿",即可完成空白演示文稿的创建。演示文稿的文件名默认为"演示文稿 1"。

(2) 选择"文件"→"新建"命令,打开"新建演示文稿"窗格,如图 5-4 所示,单击"空白演示文稿",完成空白演示文稿的创建。

2. 根据模板创建演示文稿

根据模板创建是根据系统事先设计好的样式创建演示文稿。PowerPoint 2016 提供了多种设计模板供用户选择,不同的模板为演示文稿设计了不同的标题样式、背景图案,用户可以

图 5-4　PowerPoint 2016 窗口

根据需要进行选择。利用模板设计的演示文稿中,每张幻灯片的格式都已经设置好,用户只需将内容填入并加以修改即可设计出美观实用的演示文稿。具体操作步骤如下:

(1)选择"文件"→"新建"命令,打开"新建演示文稿"窗格,在"可用的模板和主题"列表框选择相应的模板或主题(如选择"环保"主题)。

(2)在打开的对话框中,选择该主题下的某个模板,然后单击"创建"按钮,如图 5-5 所示,系统将自动完成演示文稿的创建。

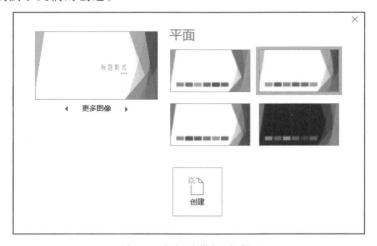

图 5-5　幻灯片模板对话框

模板设计完成后,所有幻灯片均采用该模板。

5.2.3　演示文稿的保存

设计完成的演示文稿可以保存在磁盘上,保存演示文稿有两种方式,分别为保存和另存。

1. 保存

将当前正在编辑的演示文稿保存,只需选择"文件"→"保存"命令或单击快速访问工具栏中的"保存"按钮▊,如果是第一次保存,系统将自动弹出"另存为"窗格,如图 5-6 所示。

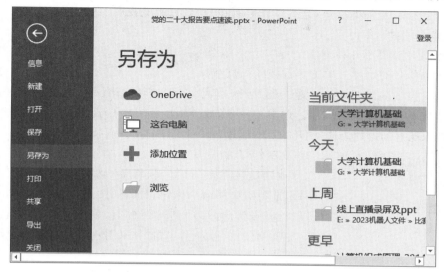

图 5-6 "另存为"窗格

选择文件保存路径,打开"另存为"对话框,如图 5-7 所示。

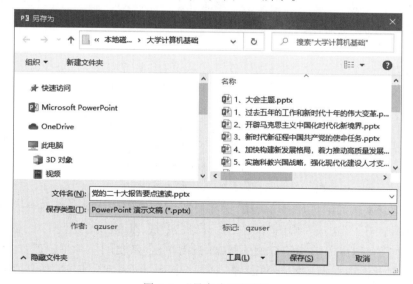

图 5-7 "另存为"对话框

在"文件名"文本框中输入演示文稿的文件名,然后单击"保存"按钮。如果要保存以前保存的文件,则只需单击"保存"按钮▊即可。如果想在低版本的 PowerPoint 软件中使用由 PowerPoint 2016 创建的演示文稿,则在保存时请选择保存类型为"PowerPoint 97-2003 演示文稿"。

2. 另存

如果在保存当前编辑的演示文稿的同时要保留先前的演示文稿,可采用"另存为"方法保存。操作方法:选择"文件"→"另存为"命令,打开"另存为"对话框,输入新文件名并选择文件保存路径,最后单击"保存"按钮即可。

5.2.4　演示文稿的编辑

一个演示文稿由多张幻灯片组成,演示文稿的编辑以幻灯片为单位。可以对选定的幻灯片进行复制、移动、删除等操作,这些操作需要在"幻灯片浏览视图"下进行。

1.选取幻灯片

选取幻灯片有以下几种方法。

(1)选取单张幻灯片。单击要选择的幻灯片。

(2)选取连续多张幻灯片。选中第一张幻灯片,然后按住 Shift 键,单击最后一张。

(3)选取不连续多张幻灯片。选中第一张幻灯片,然后按住 Ctrl 键,单击最后一张。

(4)选取所有幻灯片。选择"开始"→"选择"→"全选"命令,或直接按组合键 Ctrl+A 即可。

图 5-8　"剪贴板"选项组
中的命令按钮

2.复制幻灯片

对选取的幻灯片进行复制、移动,可以使用"开始"选项卡中"剪贴板"选项组中的命令按钮完成,如图 5-8 所示。单击"剪切"按钮可以将选中幻灯片移动到剪贴板上,单击"复制"按钮可以将选中幻灯片复制到剪贴板上,单击"粘贴"按钮可以将剪贴板上的幻灯片放置到光标位置,也可以使用组合键完成,按下组合键 Ctrl+C 和 Ctrl+V 可进行幻灯片的复制,按下组合键 Ctrl+X 和 Ctrl+V 可进行幻灯片的移动。

3.删除幻灯片

对选取的幻灯片进行删除,直接按 Del 键即可。

5.2.5　幻灯片的编辑

一张幻灯片通常由若干个对象组成,可以是文字、图形和图像、音频和视频等。文字的编辑,图形、图像以及各种对象的插入与 Word 的处理方法基本相同。这里只介绍与幻灯片有关的操作。

1.新建幻灯片

在幻灯片设计过程中,向演示文稿添加新的幻灯片是经常进行的操作。其操作方法有两种:

(1)在"幻灯片/大纲"浏览窗格中,选择要插入幻灯片的位置,单击"开始"选项卡中的"新建幻灯片"按钮 📄,即可在插入位置的后面添加一张新幻灯片。

(2)打开演示文稿的幻灯片浏览视图,选择要插入幻灯片的位置并在两张幻灯片之间的空白处单击,再单击"开始"选项卡中的"新建幻灯片"按钮 📄,即可在该位置插入一张新幻灯片。

在插入幻灯片时,可以选择幻灯片的版式,只需单击"新建幻灯片"按钮 📄 右下角的箭头,在打开的下拉列表框中选择所需要的版式,如果直接单击"新建幻灯片"按钮 📄,则插入的幻灯片的版式与前一张幻灯片的版式相同。

2.幻灯片的重用

幻灯片重用就是从其他演示文稿向自己的演示文稿中添加一张或多张幻灯片,而不必打开其他演示文稿。具体操作步骤如下:

(1)打开演示文稿,单击"幻灯片"选项卡,确定需要添加幻灯片的位置。

(2)切换到"开始"选项卡,在"幻灯片"选项组中单击"新建幻灯片"按钮,在打开的下拉列表的最下方选择"重用幻灯片"。

(3)在"重用幻灯片"窗格中,单击"打开 PowerPoint 文件"链接,如图 5-9 所示。

(4)在"浏览"对话框中,打开包含所需幻灯片的演示文稿。此时在"重用幻灯片"窗格中,会出现所选演示文稿的幻灯片缩略图。

（5）右击要添加的幻灯片，从弹出的快捷菜单中选择"插入幻灯片"或"插入所有幻灯片"命令，如图5-10所示。

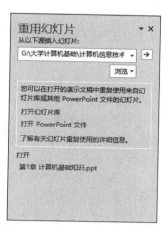

图5-9　"重用幻灯片"窗格

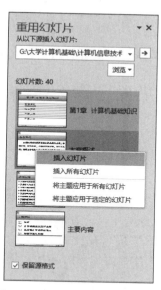

图5-10　选择"插入幻灯片"命令

注意：如果想保留源演示文稿的格式，可勾选"重用幻灯片"窗格最下方的"保留源格式"复选框。

3. 插入幻灯片编号、日期和时间

编号、日期和时间可以插入在所有的幻灯片中，也可以插入在某一张幻灯片中。具体操作步骤如下。

（1）单击"插入"选项卡中的"幻灯片编号"按钮 #️ 或"日期和时间"按钮 ，打开"页眉和页脚"对话框，如图5-11所示。

图5-11　"页眉和页脚"对话框

（2）如果插入幻灯片编号，则需选中"幻灯片编号"复选框；如果插入日期和时间，则需选中"日期和时间"复选框，并选择日期和时间的显示方式"自动更新"或"固定"单选框。

（3）如果在当前幻灯片中插入编号或日期，则单击"应用"按钮；如果在所有幻灯片中插入编号或日期，则单击"全部应用"按钮，幻灯片编号则插入在幻灯片页脚的区域中。

5.3 演示文稿的格式设计

演示文稿的格式设计包括幻灯片主题设置、幻灯片背景设置、幻灯片版式设置和母版设置。

5.3.1 幻灯片主题设置

主题是幻灯片的界面设计方案，包含幻灯片的颜色、字体和背景效果。在 PowerPoint 2016 中预设了多种主题样式，用户可根据需要选择所需的主题样式，这样可以轻松快捷地更改演示文稿的整体外观。通常在创建新的演示文稿时先选择幻灯片的主题，PowerPoint 会将选定的"Office 主题"应用于新的空演示文稿，然后用户可以选定主题的配色方案对幻灯片进行编辑，在幻灯片中添加所需要的对象，使幻灯片的内容与该主题相匹配。

首先创建一个空演示文稿，单击"设计"选项卡中"主题"选项组右侧的其他按钮▾，打开"主题"列表框，如图 5-12 所示。

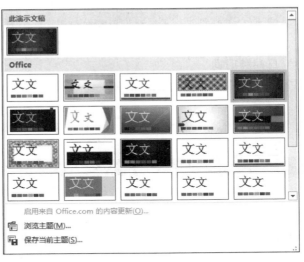

图 5-12 "主题"列表框

用户可以根据需要选择其中的主题，并将该主题应用于某个幻灯片或所有幻灯片，在选定的主题上右击，从弹出的快捷菜单中选择"应用于选定幻灯片"或"应用于所有幻灯片"命令。

5.3.2 幻灯片背景设置

为了使幻灯片更具特色，用户可以自行设置或调整背景颜色和填充效果。在 PowerPoint 2016 中，向演示文稿中添加背景是添加一种背景样式。背景样式来自当前主题，主题颜色和背景亮度的组合构成该主题的背景填充变体。当更改主题时，背景样式随之更新以反映新的主题颜色和背景。

如果是一张没有应用主题的幻灯片，那么幻灯片背景可以填充纯色、渐变色、纹理、图案作为幻灯片的背景,也可以将图片作为背景,并可以对图片的饱和度和艺术效果进行设置。

设置背景的操作步骤如下:

(1)选中要设置背景的幻灯片,然后单击"设计"选项卡中"变体"选项组右侧的其他按钮,打开"变体"下拉列表框,如图5-13所示。

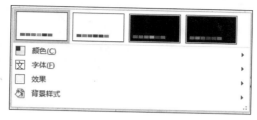

图 5-13　"变体"下拉列表框

(2)将鼠标指向需要设置的项目,若单击"颜色",则系统将自动打开"颜色"设置列表框,可以选择所需要的颜色方案;若单击"背景样式",则打开"设置背景格式"窗格,如图5-14所示。可以为幻灯片的背景选择渐变填充、图片或纹理填充、图案填充等背景效果。

(3)选择背景完毕返回,如果全部的幻灯片都设置为同样的背景,则单击"全部应用"按钮。

5.3.3　幻灯片版式设置

幻灯片版式是幻灯片中标题、副标题、图片、表格、图表和视频等元素的排列方式,由若干个占位符组成。幻灯片中的占位符就是设置了某种版式后,自动显示在幻灯片中的各个虚线框。幻灯片的版式一旦确定,占位符的个数、排列方式也就确定下来了。设置幻灯片版式是指将系统提供的幻灯片版式应用于当前幻灯片,用户可以根据幻灯片的内容和结构选择幻灯片版式。操作步骤如下:

(1)选择需要设置幻灯片版式的幻灯片。

(2)选择"开始"选项卡的"幻灯片"选项组,单击"幻灯片版式"按钮,打开"幻灯片版式"列表框,如图5-15所示。

(3)选择需要的幻灯片版式,返回编辑窗口即可。

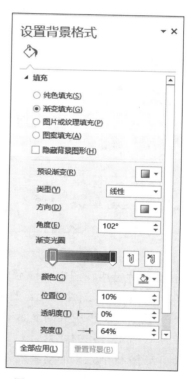

图 5-14　"设置背景格式"窗格

5.3.4　母版设置

母版相当于照片的底片,具有统一每张幻灯片的背景图案、颜色、字体、效果、占位符的大小和位置等作用,它用于构建幻灯片框架。所有的幻灯片都基于该幻灯片母版而创建。如果更改了幻灯片母版,将影响所有基于母版而创建的演示文稿幻灯片。

PowerPoint 2016提供了三种母版,分别是幻灯片母版、讲义母版、备注母版。选择"视图"选项卡中的"母版视图",可以切换到母版视图。如图5-16所示。其中使用最多的是幻灯片母版。

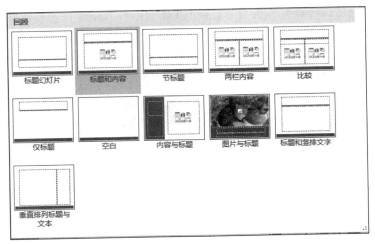

图 5-15　"幻灯片版式"列表框

图 5-16　"母版视图"选项组

PowerPoint 2016 自带了一个幻灯片母版,该母版中包括 12 个版式。如果在设计幻灯片过程中选择了主题,母版的版式会发生相应的改变。可以根据需要对其中的某个版式进行重新设计。

在幻灯片母版视图中系统自动显示"幻灯片母版"选项卡,如图 5-17 所示。

图 5-17　"幻灯片母版"选项卡

在幻灯片母版视图中可自定义下列项目:

(1) 设置文本、图片等元素的位置、大小和格式。

(2) 插入在文稿中共同显示的内容。

(3) 设置幻灯片的背景。

(4) 设置每个元素的动画效果。

另外,若要在幻灯片中显示日期、编号、页脚等信息,则需要先在"页眉和页脚"对话框中对显示的内容进行设置,然后在母版视图中设置它们的位置、大小和格式等。

单击母版的各区域,使其处于编辑状态,然后根据需要添加所需要的对象并对其进行相应的格式设置,设置完成后,单击"幻灯片母版"选项卡中的"关闭母版视图"按钮,返回幻灯片普通视图。

讲义母版和备注母版的设置方法与幻灯片母版类似。

5.4　幻灯片动画设计

设计幻灯片的目的是将需要展示的内容播放在大屏幕上。在演示文稿中添加适当的动画,可以使文稿更具感染力。在放映过程中可以为幻灯片设置切换效果、插入动画、超链接等。

5.4.1　动画设置

为了让演示文稿在播放过程中具有更好的视觉效果、突出重点、增加演示文稿的趣味性，可以为幻灯片添加动画效果。

1. 添加动画

在幻灯片播放过程中，可以使幻灯片的对象以不同的方式、顺序出现。在 PowerPoint 2016 中，可以设置对象进入屏幕、退出屏幕的动画效果，可以设置对象出现的路径，还可以为所选对象设置放大、缩小、填充颜色等效果。

添加动画的操作步骤如下：

（1）选择幻灯片中需设置动画的对象。

（2）打开"动画"选项卡，如图 5-18 所示。在"动画"选项组中选择相应的动画效果。设置动画效果后，可以单击"效果选项"按钮对动画进行更深层次的设置。例如，如果设置动画效果的对象是文字，则可以设置文字出现的方式是"作为一个对象""整批发送"或"按段落"。选择的动画不同，效果选项的设置也不同。

图 5-18　"动画"选项卡

（3）如果需要设置对象进入、强调、退出和动作路径等动画效果，则需要使用"添加动画"按钮。单击"高级动画"选项组中的"添加动画"按钮★，打开"添加动画"列表框，如图 5-19 所示。用户可以根据自己的喜好在列表框中选择相应的设置。使用列表框下方的四个按钮可以设置更多的动画效果。

2. 设置动画顺序

幻灯片中动画的播放顺序是按添加动画的先后顺序确定的，可以根据需要重新进行调整。

操作方法：选择"动画"选项卡的"高级动画"选项组，单击"动画窗格"按钮，打开"动画窗格"窗口，如图 5-20 所示，当前幻灯片中所有的动画都会在窗口中显示。选定一个对象动画，单击"重新排序"按钮，或者在动画窗格中拖动对象动画，均可调整动画的放映顺序。

5.4.2　幻灯片切换效果设置

设置幻灯片切换效果，就是指设置在播放过程中两张连续的幻灯片之间的过渡效果，即从前一张幻灯片转到下一张幻灯片之间要呈现出的效果。幻灯片在切换的同时还可伴随声音。默认情况下，演示文稿中的幻灯片没有任何切换效果。在 PowerPoint 2016 中，内置了多种幻灯片切换效果，可以为单张、多张或所有幻灯片设置切换效果。

首先选择需要设置切换效果的幻灯片，单击"切换"选项卡，显示幻灯片切换的所有命令按钮，如图 5-21 所示。可以在"切换到此幻灯片"选项组中直接选择一个切换效果。还可以通过"效果选项"和"计时"选项组中的命令对切换效果进行编辑。例如，可以在切换时添加声音、调整切换速度、改变切换方式等，单击"全部应用"按钮，则所有的幻灯片均采用同样的切换效果。在"切换方案"下拉列表中选择"无"，可取消切换效果设置。

5.4.3　插入动作按钮

演示文稿在播放过程中通常按照幻灯片的顺序播放，在幻灯片中添加动作按钮，可以改变幻灯片的播放顺序。操作步骤如下：

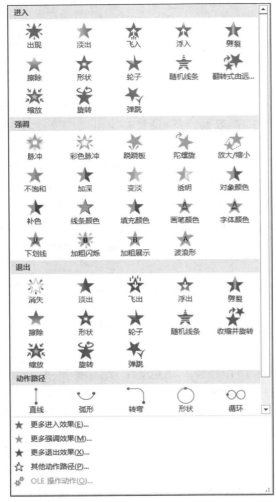

图 5-19 "添加动画"列表框

图 5-20 "动画窗格"窗口

图 5-21 "切换"选项卡

（1）选择要插入动作按钮的幻灯片。

（2）选择"插入"选项卡的"插图"选项组，单击"形状"按钮⬚，在打开的列表框的最下方显示的是"动作按钮"图形，如图 5-22 所示。

图 5-22 "动作按钮"图形

（3）在其中选择需要的按钮并在幻灯片中选择合适的位置拖动鼠标，即可在幻灯片中画出一个命令按钮。同时自动打开"操作设置"对话框，如图 5-23 所示。

（4）在"超链接到"列表框中选择要链接的幻灯片或应用程序，还可以设置播放声音，然后单击"确定"按钮，动作按钮添加完成。

图 5-23 "操作设置"对话框

5.4.4 插入超链接

超链接是将幻灯片中的某些对象设置为特定的标记并将这些标记链接到演示文稿中其他幻灯片或外部应用程序。播放时若这些对象被触发,则可以使演示跳转到所链接的幻灯片或应用程序上。使用超链接可以更灵活地控制幻灯片的播放过程。

建立超链接的操作步骤如下:

(1)选择要设置超链接的幻灯片并选中作为超链接标记的对象。

(2)单击"插入"选项卡"超链接"选项组中的"超链接"按钮,或在超链接对象上右击并从弹出的快捷菜单中选择"超链接"命令,打开"插入超链接"对话框,如图 5-24 所示。

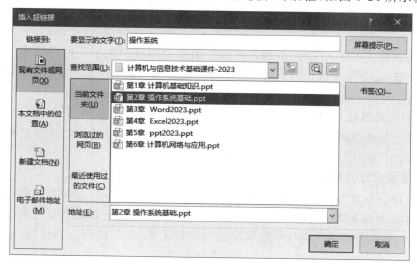

图 5-24 "插入超链接"对话框

(3)使用该对话框可以查找并选择要连接的幻灯片或文件,如果需要,还可以在"要显示的文字"文本框中输入要显示的文字,在幻灯片播放过程中,当鼠标移到超链接对象上这些文字会自动显示。然后单击"确定"按钮,设置完成。

5.5　幻灯片播放

演示文稿制作完成后,要通过播放的形式向他人展示文稿中的内容信息。PowerPoint 中演示文稿的放映方式可以通过"幻灯片放映"选项卡设置并实现。"幻灯片放映"选项卡,如图 5-25 所示。

图 5-25　"幻灯片放映"选项卡

5.5.1　观看放映

将幻灯片切换到"幻灯片放映"视图,即可观看放映。切换到"幻灯片放映"视图有两种方法:

(1)选择"幻灯片放映"选项卡,在"开始放映幻灯片"选项组中单击"从头开始"按钮或按F5 键,幻灯片从第 1 张开始播放。

(2)选择"幻灯片放映"选项卡,在"开始放映幻灯片"选项组中单击"从当前幻灯片开始"按钮或直接单击状态栏中的"放映"按钮 ,从当前幻灯片开始播放。

在播放过程中可以在幻灯片之间进行切换,切换方式有以下三种:

(1)按任意键或 PgDn 键或单击鼠标可以切换到下一张。

(2)按 PgUp 键返回上一张。

(3)按鼠标右键,从弹出的快捷菜单中选择"下一张"和"下一张"命令进行幻灯片切换。

5.5.2　播放控制

演示文稿的播放可以人工控制,也可以设置为自动播放。在不同的环境中应采用不同的播放方式。例如,在教学过程中应选择人工方式;而在展览会、产品发布会等场合则应采用自动播放方式。

1. 设置幻灯片播放计时

当幻灯片自动播放时,幻灯片的切换是由计算机控制的。设置幻灯片自动播放有两种方法,一是采用固定间隔时间,二是使用排练计时功能。

1)人工设置幻灯片放映时间

在"切换"选项卡的"计时"选项组,用户可以设置自动换片时间,放映时间以秒为单位,如果希望该时间应用到全体幻灯片,则可以单击"全部应用"按钮。如果幻灯片的放映时间不完全一样,则可以逐张进行自动换片时间的设置。设置完成后,切换到"幻灯片浏览"视图,可以看到每张幻灯片缩略图的下面都出现了设置的放映时间。

2)设置排练计时

排练计时是指通过实际放映演示文稿,记录放映时各幻灯片放映的时间。设置排练计时的操作步骤如下:

(1)打开演示文稿。

（2）单击"幻灯片放映"选项卡中的"排练计时"按钮 ，进入幻灯片播放状态同时显示"预演"工具栏，如图5-26所示。

（3）单击工具栏中的"下一项"按钮或单击幻灯片，可以切换到下一张幻灯片。

图5-26　"预演"工具栏

（4）演播结束后屏幕显示计时消息框，询问是否保留幻灯片播放计时时间，单击"是"按钮，则保存排练计时，否则不保留。

保存排练计时后，可以通过设置放映方式自动播放幻灯片。如果幻灯片设置了动画，计时器将把每个动画对象显示的时间记录下来。

2．设置放映方式

设置放映方式的操作步骤如下：

（1）打开要播放的演示文稿，选中任意一张幻灯片。

（2）单击"幻灯片放映"选项卡"设置"选项组中的"设置放映方式"按钮，打开"设置放映方式"对话框，如图5-27所示。

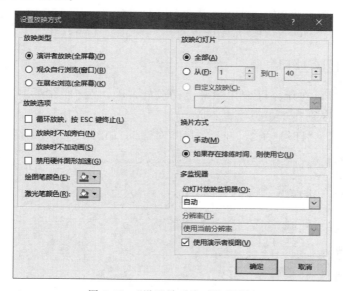

图5-27　"设置放映方式"对话框

（3）在该对话框中，可以设置放映类型、放映幻灯片范围、换片方式和其他选项等。

说明：

① 放映类型："演讲者放映"是全屏幕播放，播放过程中可以人工换片或使用排练计时自动换片；"观众自行浏览"适用于在局域网中让观众自行打开演示文稿并放映；"在展台浏览"用于在展览场所的自动循环放映。

② 换片方式："手动"是指在播放过程中，通过单击或按键盘切换幻灯片；若选中"如果存在排练时间，则使用它"单选按钮，则在设置排练计时后自动播放。

5.6　演示文稿输出

5.6.1　页面设置

页面设置用于设置幻灯片的尺寸、方向以及大纲、讲义和备注的方向。其操作步骤如下：

单击"设计"选项卡中"自定义"选项组的"幻灯片大小"按钮,在列表框中选择"自定义幻灯片大小"选项,打开"幻灯片大小"对话框,如图 5-28 所示。

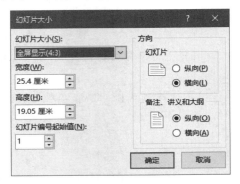

图 5-28　"幻灯片大小"对话框

通过下拉列表框可以选择或设置幻灯片尺寸的类型,利用"宽度"和"高度"微调按钮可以设置幻灯片的尺寸,使用单选按钮可以选择幻灯片、备注、讲义和大纲的方向,单击"确定"按钮即可完成设置。

5.6.2　打印幻灯片

演示文稿除了可以在计算机或大屏幕上播放外,还可以打印在纸上。操作方法与 Word 文档打印方法类似,区别在于参数设置不同。

(1) 选择"文件"→"打印"命令,打开"打印"对话框,如图 5-29 所示。

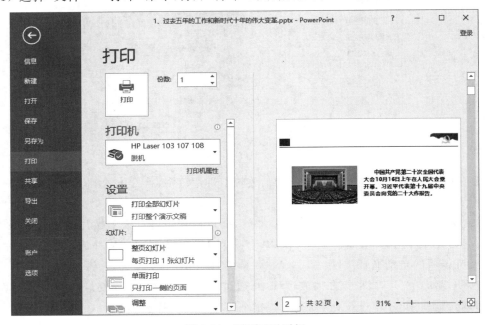

图 5-29　"打印"对话框

(2) 在"打印"对话框中,可以设置打印份数,选择打印机,设置幻灯片打印范围,设置打印方式,"打印内容"可以根据不同的需要选择"整页幻灯片""讲义""备注页""大纲视图"等。如果选择"讲义",则可以在"讲义"栏内设置"每页幻灯片片数""顺序"等。

(3) 参数设置完成后,单击"打印"按钮 🖶,则可在打印纸上输出。

5.6.3　演示文稿打包

用户可以将制作好的演示文稿打包成 CD，从而在其他没有安装 PowerPoint 软件的计算机上进行幻灯片放映。

选择"文件"→"导出"命令，打开"导出"窗格，选中"将演示文稿打包成 CD"，则系统弹出"将演示文稿打包成 CD"对话框，如图 5-30 所示。

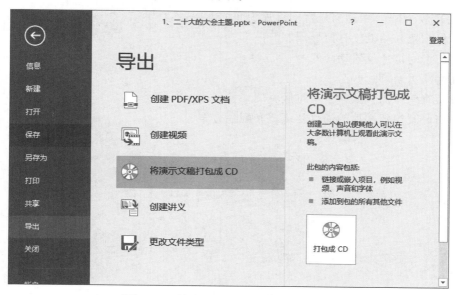

图 5-30　"将演示文稿打包成 CD"对话框

单击"打包成 CD"按钮，在打开的对话框中进行相关设置。打包完成后，会自动打开包含打包文件的文件夹。

思考与练习

一、选择题

1. 在 PowerPoint 中，应用设计模板时，应该选择＿＿＿＿菜单。

    A. 视图　　　　　B. 格式　　　　　C. 工具　　　　　D. 插入

2. PowerPoint 运行在＿＿＿＿环境下。

    A. Windows　　　B. DOS　　　　　C. Macintosh　　　D. UNIX

3. 选择＿＿＿＿菜单项，可以打开"插入声音"对话框。

    A. "插入剪辑"　　　　　　　　　　B. "插入"→"影片和声音"→"文件中的声音"

    C. "查找类似剪辑"　　　　　　　　D. "将剪辑添加到收藏夹或其他类别"

4. 幻灯片上可以插入＿＿＿＿多媒体信息。

    A. 声音、音乐和图片　　　　　　　B. 声音和影片

    C. 声音和动画　　　　　　　　　　D. 剪贴画、图片、声音和影片

5. PowerPoint 的超链接命令可实现＿＿＿＿。

    A. 幻灯片之间的跳转　　　　　　　B. 演示文稿幻灯片的移动

    C. 中断幻灯片的放映　　　　　　　D. 在演示文稿中插入幻灯片

6. 如果将演示文稿置于另一台不带 PowerPoint 系统的计算机上放映,那么应该对演示文稿进行_____。

    A. 复制   B. 打包   C. 移动   D. 打印

二、简答题

1. PowerPoint 有哪几种视图方式? 每种视图各有何特点?

2. PowerPoint 有哪几种放映方式? 不同的放映方式在何种情况下使用?

3. 在 PowerPoint 中如何进行幻灯片中间的连接?

4. 动作按钮和超链接有何异同?

5. 如何为幻灯片设置动画?

6. 如何输出幻灯片?

7. 母版有何作用? 如何设计母版?

8. 如何修改演示文稿的幻灯片版式和配色方案?

第6章

计算机网络基础

计算机网络是计算机技术和通信技术相结合的产物。其诞生之初,主要用于军事、科学和工程技术领域。随着技术的发展,其应用日益广泛,并逐步渗透到人类社会生活的各个方面。本章介绍计算机网络技术及应用的相关知识。

6.1 计算机网络概述

计算机网络是指采用同一种技术互联的计算机集合。这一定义既反映了计算机网络的技术来源,也反映了其技术特征:首先互联的主体是计算机系统,其次这些计算机需要一种通道来交换信息,最后应该采用同样的技术来实现互联。

以太网是日常生活中最常见的一种计算机网络,根据其覆盖范围较小的特点被划分为局域网。这是当前在一个小范围互联多台计算机的一种经济、高效的手段。然而对社会影响最大的因特网,却不满足上述计算机网络的定义,因为其采用了多种网络技术实现互联。举例来说,其骨干网到最终用户可以用手机使用的 GSM(Global System for Mobile Communications,全球移动通信系统),也可以用上面提到的局域网,这显然是两种不同的网络。这种连接不同网络的网络被称为互联网(internet),互联网对应的英文单词的词头字母为大写 I(Internet)时则代表那个覆盖全球的因特网,如果小写则泛指一般的互联网。

6.1.1 计算机网络的定义和功能

计算机网络是现代计算机技术与通信技术相结合的产物,是随着社会对信息共享和信息传递日益增强的需求而发展起来的,它涉及通信与计算机两个领域。一方面,通信网络为计算机之间的数据传送和交换提供了必要的手段;另一方面,计算机的发展渗透到通信技术中。

所谓计算机网络,就是把分布在不同的地理区域的具有独立功能的计算机,通过通信设备和传输媒体互连起来,形成一个规模大、功能强的网络系统,在通信软件的支持下,实现众多计算机相互传递信息,共享硬件、软件、数据信息等资源。计算机网络的出现,为用户构造分布式的网络计算提供了基础。它的功能主要表现在三方面:

(1) 硬件资源共享。可以在全网范围内提供对处理资源、存储资源、输入/输出资源的共享,特别是对一些较高级和昂贵的设备,如巨型计算机、高分辨率的激光打印机、大型绘图仪和大容量外部存储器等,实现节省投资,便于集中管理。

(2) 软件资源与数据资源共享。用户可以访问各种类型的网络数据库,得到网络文件传送服务、远程文件访问服务和远程管理服务等,从而避免软件研制上的重复劳动和数据资源的重复存储,便于集中管理与共享。

（3）用户之间的信息交换。计算机网络为分布在各地的用户提供了强有力的通信手段。用户可以通过计算机网络传送电子邮件、发布新闻消息、进行电子数据交换，方便高效。

6.1.2 计算机网络的雏形

远程终端是计算机网络雏形，出现在 20 世纪 50 年代。在当时计算机还是非常昂贵的科研设备，只有少数几个科研机构拥有，而且一台计算机通常要为许多用户服务。这样，那些不在当地的用户就要乘坐各种交通工具到达计算机所在的地点才能使用，很可能还需要多次往返，很不方便。终端是仅具有简单输入/输出功能的硬件设备，计算机用户通过终端和计算机主机交互。对上述问题的一个显而易见的解决方案是把终端的通信线缆延长到最终用户所在的地点。但由于铺设专用的长途通信线路的成本很高，因此利用已有的通信网络就成为理想选择。通过调制解调器把终端的输入/输出信号调制到电话线上，就可以远程访问主机了，这大大方便了远程的计算机用户。事实上，远程终端一直是计算机网络重要的应用之一，现在的计算机都支持虚拟远程终端，并通过这种虚拟的远程终端程序控制、管理远程主机。

远程终端实现了远距离访问计算机的需求，但这种方法有许多局限性，其中一个是线路的利用率不高。多数计算机程序只有在输入/输出时，才产生突发的需要传输的数据，这通常只持续很短的时间；而其处理数据的过程却很长，在这期间不需要和终端交换信息，从而白白占用带宽。例如人们在使用网络聊天程序时，输入一句话通常需要若干分钟，而这些句子对应的数据很可能只需要不到 1s 就可以发送出去。这样在长时间的电话连接过程中，只有少数时间是发送数据的，多数时间线路是空闲的，很不经济。因此迫切需要开发出更适合计算机传输特点的通信技术。

6.1.3 计算机网络的诞生

20 世纪 60 年代，美国高级研究计划署（Advanced Research Project Agency，ARPA）资助了新的网络研究项目，很多人认为这是美国军方为避免在可能到来的核战争中，由于若干通信中心被摧毁而导致整个通信指挥系统瘫痪而提出的解决方案。这项研究计划的一个重要成果是 ARPANet，该网络使用的分组交换技术标志着计算机网络的正式诞生。而 ARPANet 在经过多年发展之后，到现在演化为覆盖全球的 Internet。

分组交换网的核心是一些被称为接口报文处理器（Interface Message Processor，IMP）的设备，这些 IMP 之间通过多条线路互联，信息通过存储-转发的方式从源节点传输到目的节点。例如在图 6-1 所示的分组交换网中，主机 1 发出的分组首先到达路由器 A，路由器 A 通过查看分组的目的地址选择下一站转发，将之转发给路由器 B；路由器 B 同样根据其目的地址选择一个线路，转发给路由器 C；最后路由器 C 发现目的地址是主机 2，并将之转给主机 2。

分组交换网的另外一个特点是其传输的数据单元是有长度限制的，如果要传输的数据超出了分组长度限制，就会被分成若干段然后再传输。这种策略有许多优点，首先可以降低发送的延迟。例如在图 6-1 中，如果信息没有被分为 3 个分组，而是一起被传输，那么网络中的每一个路由器必须将所有信息都收到之后才能转发；而分成多个分组后，路由器可以在完整收到一个分组后立刻转发，当要发送的信息量较大时，这一策略可显著降低传输的延迟。其次也降低了对网络中通信设备的要求，因为 IMP 只有在完整地接收并存储一个数据单元之后才能转发，如果数据单元太大，则 IMP 也要扩充大量的内存。最后降低了传输中数据错误的损失，一旦出现错误，只需要重新发送出错的分组即可，而不必将全部信息都重发。

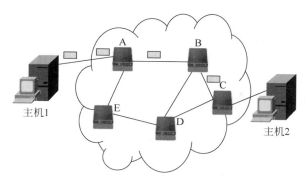

图 6-1　分组交换网示意图

6.1.4　计算机网络的成熟

为了使通信过程能够顺利完成,通信双方必须事先达成一些约定,这些约定在计算机网络中被称为协议,具体来说包括三方面:语义、语法和同步。其中,语义指信息的表现形式,语法指信息的实际意义,同步指双方活动的次序。以日常生活中打电话为例,正常情况下应该是主叫方先拿起电话、拨号,之后被叫方振铃、拿起电话,这样就可以开始通话了,这些步骤及其次序可以类比为同步。拿起电话时,不同的声音各自有其含义,如长音、短音等,这些声音的模式类比为语法。有些模式的声音表示忙音、有些表示拨号音,电话机提示音的含义可以类比为语义。

20 世纪 70 年代,随着计算机网络的广泛应用,相关的技术发展迅速,从而使得网络技术日趋复杂,同时也诞生了许多相互竞争的网络技术。这种状况主要带来两个问题:一是网络技术过于复杂,不便于人们设计、开发、管理、维护计算机网络系统,同时也不便于人们学习相关技术。另一问题更为突出,计算机网络的原本目的之一是互联共享,但随着越来越多的网络技术的涌现,就出现了异种网络间不能互联的窘况,这使得网络技术的发展背离其初衷。

网络体系结构和网络协议标准化是解决上述问题的一个有效途径,这些工作又进一步促进了计算机网络的发展。计算机网络涉及多种技术,非常复杂。为了解决复杂问题,人们往往采用分而治之的策略。具体到解决计算机网络的相关问题上,提出了分层的概念。其原理是将网络的功能分割成为若干相对独立的部分,每个部分被称为层。底层实现最简单的功能,上一层利用下一层提供的功能,实现更为复杂的功能,这样一层一层上去,最终实现计算机系统之间的信息交流。在这个方案中,通信双方要有互相对等的层来进行交互,这些对等层必须遵循某些协议才能实现通信。这些层和层间的协议,就构成了网络体系结构。为了描述一种网络体系结构,人们使用了参考模型。在 6.2 节中,将给出两个网络参考模型的具体例子。

6.1.5　计算机网络的进一步发展

进入 20 世纪 90 年代,计算机网络应用日益广泛,逐步从科研院所走向社会大众。随着使用人群的增加,网络带宽问题开始成为制约其进一步发展的瓶颈。由于认识到计算机网络对于一个国家科技发展的重要性,世界上的多数国家都大力发展宽带骨干网络,其中美国的"信息高速公路计划"成为各个国家争相效仿的对象。宽带骨干网从根本上改变了网络特别是因特网的用途,使其不再局限于军事、科研应用,而变成一个社会公众皆可使用的信息交流平台,从而进入了一个新的时代。其特点主要体现在以下几方面:

(1)普遍性。传统网络在多数情况下要使用命令行界面来访问,非专业人员难以掌握。

以万维网(WWW)浏览器为代表的图形界面使得访问网络日益简便,为社会公众访问因特网扫清了道路。普遍性还表现在访问终端上,不仅计算机可以访问网络,其他种类的设备(如手机、掌上电脑等)都可以访问。

(2)社会性。电子邮件组、因特网论坛、博客、视频分享等应用逐步形成虚拟的网络社会。在这些网络社区中,用户不再是被动的信息接收者,而变成了信息的发布者,用户的参与也形成其独特的文化氛围。

(3)商业性。计算机网络的发展离不开商业投资,从网络基础设施、网络接入服务到各种形式的电子商务应用,几乎在网络的各个方面,都能看到商业资本的力量。

因特网的发展还带来了一些新的社会问题,例如要考虑在防止不良信息扩散和言论自由之间的平衡、用户隐私的保护、网络诈骗的防范等,这些问题还有待于进一步分析和研究。作为一个普通用户,一方面应加强计算机网络相关知识的学习,在享受网络带来的丰富的服务的同时避免遭受网络中的各种不法侵害;另一方面也应遵守相关规章制度,不发送、不传播、不浏览有违社会公德的信息。

6.2 计算机网络系统

计算机网络系统的构成可以从多方面来看,首先根据设备在计算机网络中发挥的作用不同,可以划分为通信子网和资源子网,如图 6-2 所示。其中,通信子网主要由各种联网设备构成,负责通信;而资源子网由计算机及与之相连的外围设备构成。通信子网也可进一步划分为骨干网络和边缘网络。骨干网络通常支持在国家范围内的高速通信,并进一步和国际互联,从而实现全球范围的通信。边缘网络通常属于各种公司、机构,一方面实现内部设备的互联,另一方面通过专用线路和骨干网络相连。在日常生活中,人们通过互联网共享的资源主要是软件资源,如自由软件、视频、音频资源等;某些应用则同时需要共享硬件和软件资源,典型的如搜索引擎,既需要服务器强大的运算和存储能力,也需要相应的软件将用户所需的信息提取出来。

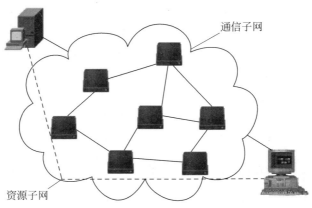

图 6-2 资源子网和通信子网

计算机网络也可看成是由网络软件和网络硬件构成的。网络硬件主要包括:各种计算机及其外围设备,如打印机等;网络连接设备,如集线器、交换机、路由器等。网卡和 MODEM 等直接和计算机相连的通信设备可以看作计算机的外围设备,也可以看作计算机的一个组成部分。需要注意的一点是要想让这些硬件工作,必须有相应的软件来控制。例如,路由器都有负责寻找路由的程序,以便将收到的分组转发到正确的线路上。

6.2.1 计算机网络的分类

计算机网络可以有多种划分标准,下面介绍两种分类方法。

1. 按地理范围分类

计算机网络最常见的分类方法是按照其覆盖的地理范围划分,有局域网、城域网和广域网三类。

(1)局域网。局域网(Local Area Network,LAN)是连接近距离计算机的网络,覆盖范围从几米到数千米,如办公室或实验室的网、同一建筑物内的网和校园网等。局域网内传输速率较高,误码率低,结构简单,容易实现。局域网传输速率一般在10Mbps和1000Mbps。

(2)城域网。城域网(Metropolitan Area Network,MAN)是将不同的局域网通过网间链接构成一个覆盖城市范围之内的网络。它是比局域网规模大的一种中型网络。覆盖范围为几十千米,大约是一个城市的规模。城域网传输速率一般在50Mbps左右。

(3)广域网。广域网(Wide Area Network,WAN)的覆盖范围从几十到几千千米,覆盖一个国家、地区或横跨几个大洲,形成国际性的远程网络。广域网传输速率较低,一般在96kbps和45Mbps之间。

2. 按拓扑结构分类

拓扑一词来源于几何学,网络拓扑指的是网络形状或物理上的连通性。如果把网络中的计算机等设备抽象为点,把网络中的通信媒体抽象为线,这样从拓扑学的观点去看计算机网络,就形成了由点和线组成的几何图形,从而抽象出网络系统的具体结构。这种采用拓扑学方法描述各个结点机之间的连接方式称为网络的拓扑结构。计算机网络常采用的基本拓扑结构有总线型结构、星状结构、环状结构、树状结构、网状结构。

(1)总线型结构。总线型结构通过一条传输线路将网络中的所有结点连接起来。网络中各个结点都通过总线进行通信,在同一时刻只能允许一对结点占用总线通信,如图6-3所示。总线型结构简单,易实现、易维护、易扩充,但故障检测比较困难。

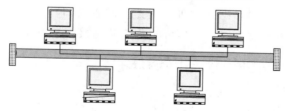

图 6-3　总线型结构

(2)星状结构。星状结构中各结点都与中心结点连接,呈辐射状排列在中心结点周围,如图6-4所示。网络中任意两个结点的通信都要通过中心结点转接。单个结点的故障不会影响到网络的其他部分,但中心结点的故障会导致整个网络的瘫痪。

(3)环状结构。环状结构中各结点首尾相连形成一个闭合的环,环中的数据沿着一个方向绕环逐站传输,如图6-5所示。环状结构的抗故障性能好,但网络中的任意一个结点或一条传输线路出现故障都将导致整个网络的故障。

(4)树状结构。树状结构是总线型结构的扩展,它是在总线网上加上分支形成的,其传输介质可有多条分支,但不形成闭合回路;也可以把它看成是星状结构的叠加,如图6-6所示。树状结构比较简单,成本低,网络中结点的扩充方便灵活,寻找链路路径比较方便。但对根的依赖性太大,如果根发生故障,则全网不能正常工作。

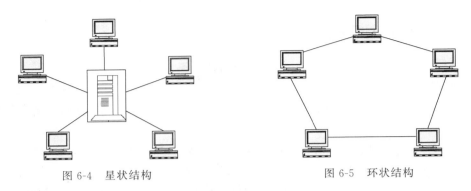

图 6-4　星状结构　　　　　　　　　　　　　图 6-5　环状结构

（5）网状结构。将多个子网或多个局域网连接起来构成网状结构。其结点之间的连接是任意的，没有规律，如图 6-7 所示。网状结构的主要优点是系统可靠性高，容错能力强，但结构复杂，控制管理工作艰巨。目前，影响深远的因特网的主干结构就是典型的网状结构。

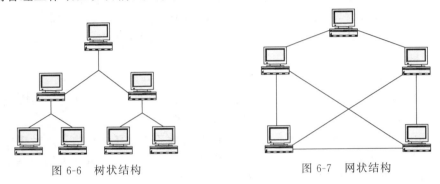

图 6-6　树状结构　　　　　　　　　　　　　图 6-7　网状结构

网状结构的选择往往与传输介质的选择和介质访问控制方法的确定紧密相关。选择拓扑结构时，应该考虑的主要因素有安装费用、更改的灵活性、运行的可靠性。网络的拓扑结构对网络的各种性能起着至关重要的作用。在实践中，物理连接形状往往不能反映其实际的连接形式，例如使用 Hub 连接的局域网在物理上看是星状连接，但在工作中实际上是总线型；使用多个交换机的构成网状连接在工作中实际上是树状连接。

6.2.2　计算机网络协议与网络体系结构

1. 计算机网络协议

计算机网络是一个由不同类型的计算机和通信设备相互连接，并且实现多台计算机之间信息传递和资源共享的系统。这样一个功能完善的计算机网络就是一个复杂的结构，网络上的多个结点间不断地交换着数据信息和控制信息，在交换信息时，网络中的每个结点都必须共同遵守一些事先约定好的规则。这些为网络数据交换而制定的规则、约定和标准统称为网络协议。

网络协议对于计算机网络来说是必不可少的。不同结构的网络，不同厂家的网络产品，所使的协议也不一样，但都遵循一些协议标准，这样便于不同厂家的网络产品进行互连。TCP/IP 是应用最为广泛的一种网络通信协议，无论局域网、广域网还是因特网，无论 UNIX 系统还是 Windows 系统，都支持 TCP/IP，TCP/IP 是计算机网络世界的通用语言。

2. 网络体系结构

一个完善的网络需要一系列网络协议构成一套完备的网络协议集。大多数网络在设计时是将网络划分为若干个相互联系而又各自独立的层次，然后针对每个层次和层次间的关系制定相应的协议。这样可以减少协议设计的复杂性,增加灵活性。像这样的计算机网络层次结构模型和各层协议的集合称为计算机网络体系结构。

具体地说,网络体系结构是关于计算机网络应该设置哪几层,每层又能提供哪些功能的精确定义,至于这些功能应如何实现,则不属于网络体系结构部分。信息技术的发展在客观上提出了网络体系结构标准化的新需求,在此背景下产生了国际标准化组织(International Organization for Standard,ISO)提出的开放系统互联参考模型(Open System Interconnection,OSI)。这个模型将网络分为 7 层,如图 6-8 所示,从上到下分别是应用层、表示层、会话层、传输层、网络层、数据链路层和物理层。

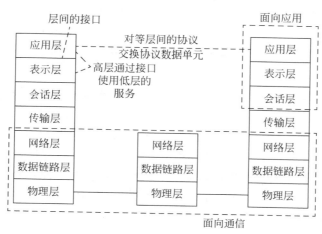

图 6-8　OSI 模型

物理层面临的问题是如何把两个设备连接起来、如何利用媒介传输信息。因此在这一层要约定连接设备的物理性状,如插头的形状、引脚个数、各个引脚的高低电平范围等;同时也要约定用何种方法将数字信号转换为可以在介质上传输的信息。

数据链路层主要考虑如何在相邻的两个结点间传输数据,包括流量控制和差错控制。为了实现这些目标,首先要把物理层传输的比特流组成一定格式的帧。每个帧都有一定的校验信息以便判断信息在传输过程中是否出现差错,如果出错就可能需要重新发送出错的那个帧,这就是差错控制。由于两个结点计算机的处理能力可能不同,如果接收方处理速度慢就可能造成数据的丢失,因此发送方可能需要控制自己的发送速度,这就是流量控制。

网络层主要考虑路由和网络互联的问题。路由功能是指在网络环境中,找出一条通路,以便将分组从原站传输到目的站。需要说明:路由功能是点对点的,每个路由器只记录要到达某个网络地址,向哪一站转发;而不关心转发的那个站是如何将分组送达目的地的。在覆盖全球的因特网中,要实现路由功能就要求每个站点的地址是唯一的,以便在全球范围内定位。但在现实中,这种唯一性会受到挑战,在下一小节将介绍这个问题。按照前面的介绍,将计算机网络划分为通信子网和资源子网,对于通信子网来说,实现到网络层就足够了。

传输层负责端到端的信息传输。从图 6-8 中可以看出,传输层是一个黏合层,将面向通信的网络和应用黏合起来,这个设计主要有两个考虑。一个是不同的底层网络提供的网络服务差别很大,这样会给应用程序开发带来很大不便,由传输层虚拟一个端到端的传输服务可以很大程度上方便应用的开发。另一个是一台计算机可能有多个应用程序要使用网络,在数据到达后必须有一定的措施来约定信息要交给哪个应用程序。

会话层则主要考虑如何管理通信过程,包括哪个站点应该发送信息,当前信息交换到哪个阶段等。如果通信过程意外中断,则会话管理会在网络恢复时自动恢复到一个稳定状态。举例来说,客户机要将 10 个文件上传到服务器,服务器每收到一个文件就通知客户机把本地的文件删除。假设服务器在保存文件后没来得及告知客户机,这时网络突然中断了。当网络恢复后,客户机有多种选择,但都有各自的问题:全部重传可以保证正确,但是效率太低;不重复传送则可能丢失文件,重复传送则可能会让服务器收到重复的文件。因此需要较为复杂的过程才能恢复到正确的状态,会话管理可以在保证不出差错的情况下简化这种恢复过程。

表示层主要考虑如何采用一种全局可识别的形式来表示信息。例如在中国大陆地区,汉字编码采用 GB2312 或 GB18030,而在中国台湾地区则采用 BIG5 或 UTF-8 编码,如果浏览器不能正确识别网页的编码方案,则用户看到的就是"乱码",表示层可以解决这类问题。

应用层根据具体应用,有各自不同的约定。例如,视频播放、收发电子邮件、万维网浏览等都有各自的应用层协议来约定如何交换信息。

在 OSI 模型中,要注意三个不同的概念:协议、接口和服务。每一层都负责处理特定的事务,实现某些功能,这些功能的描述被称为服务。但是,如何实现这些功能却不属于 OSI 模型所考虑的范围。协议是对等层实体之间的约定,如 6.1.4 节所述,包括语法、语义和同步。接口说明了高层如何调用低层的服务。在 OSI 模型中,逻辑上是对等层通过执行相关的协议来交换信息,这种交换必须依赖底层提供的服务来实现。例如,传输层的端到端传输必须利用网络层的路由功能才能实现。这里要说明一下,OSI 模型中的接口是一个软件概念,描述的是程序间的交互方法,不要认为是某个形状的插头。

ISO 针对每一层也制定了相关的标准,然而由于一些技术原因以及其推广策略上的一些失误,OSI 模型最终没有在实践中得到应用。由标准制定机构(如 ISO)制定的标准通常被称为正式标准,但在计算机网络世界中很多正式标准并没有在竞争中获得胜利。例如,因特网中的事实标准是 TCP/IP 及其配套协议。

6.2.3 TCP/IP 模型

ARPANET 的一个重要成果是互联网协议(Internet Protocol,IP)和传输控制协议(Transmission Control Protocol,TCP)。虽然实际上还需要许多配套协议才能让因特网工作,但习惯上用 TCP/IP 来指代整个协议族。在 ARPANET 逐步演化为因特网的过程中,产生了许多新的技术使得网络日趋复杂,也需要一个模型来描述其工作原理,由此产生了 TCP/IP 模型。TCP/IP 模型的分层结构如图 6-9 所示,各层常见的协议也标注在对应的层中。由于是先有的协议后有的模型来描述,因此 TCP/IP 模型可以很好地解释因特网工作原理;其局限性是这个模型只能描述因特网,而不能描述其他网络。

在 TCP/IP 模型中,主机到网络层并没有明确规定,甚至不能被称作是一个层,而只是一个接口。在实际应用中,设备必须接在某种网络上之后才能访问互联网,如以太网等。这种设计的一个优点是可以最大限度地将新的技术纳入已有的系统中。例如在提出这个模型的时候,还没有 GSM 通信技术,但只要其能提供 IP 协议可以访问的服务,就可以很快地进入因特网中。主机到网络层对应 OSI 模型的数据链路层和物理层。

IP 协议主要解决两个问题:路由和网络互联。其中,网络互联是 IP 协议的一个重要目标,这一点和 OSI 模型不同。OSI 模型在设计之初没有考虑异种网络互联的问题。这也很好理解,OSI 的目标是"一个世界,一个标准"。然而,事实证明,开放性和兼容性是网络协议生命力的源泉。因此,后来 OSI 也在网络层中加入了网络互联功能。TCP/IP 模型的网络层基本

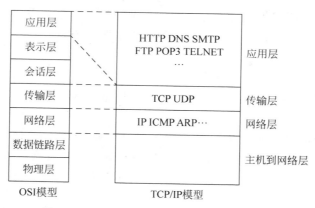

图 6-9 TCP/IP 模型与 OSI 模型的对应关系

上可以和 OSI 模型的网络层相对应。

TCP/IP 的传输层和 OSI 模型的传输层一样,提供端到端的服务。主要包括两个协议:面向连接的 TCP 协议和面向无连接的用户数据报协议(User Datagram Protocol,UDP)。面向连接的服务是指在通信前要建立连接,连接要保证信息的正确传输,如果发现数据丢失或者出错,发送方会自动重传。很多应用需要面向连接的服务,如文件的传输。也有许多应用可以容忍一定程度上的数据丢失。例如实时视频聊天时,如果偶尔丢失一些数据,用户可能会感觉图像不太稳定,但基本上能够观看。如果网络自动把丢失的数据重传,反而是画蛇添足。因为用户需要看到的是对方最新的视频画面,而不是 5s 之前或更早的图像……这类应用最好使用 UDP。

TCP/IP 模型没有会话层和表示层,直接是应用层,与 OSI 模型的应用层对应。这并不能说明会话层和表示层在网络中的用处不大,事实上因特网的许多应用层自行处理了相关的功能。例如,文件传输协议(File Transfer Protocol,FTP)在早期就没有会话管理,一旦文件下载中断,下一次只能从头开始下载。后来,FTP 的服务器添加了断点续传的功能,再通过与之匹配的下载客户端软件,就可以继续下载一个被中断的文件。这其实就是应用层管理会话的一个例子。在超文本传输协议(HyperText Transfer Protocol,HTTP)中也必须指定所传输的文字编码和语言才能保证不出现"乱码"。这就是应用层考虑表示层功能的一个例子。省略这两个层可以大大简化 TCP/IP 模型、相关网络协议的设计和实现,代价是应用层需要额外的一些处理。

6.3 局域网

局域网产生于 20 世纪 70 年代。由于微型计算机的迅速普及,以及人们对信息交流、资源共享和高带宽的迫切需求,都直接推动着局域网的发展。20 世纪 90 年代以来,局域网技术的发展更是突飞猛进,特别是交换技术的出现,更是使局域网的发展进入一个崭新的阶段。局域网在企业、机关、学校等各单位中得到了广泛的应用。

局域网一般由服务器、工作站、网络适配器、传输介质、网络互连设备和网络操作系统(NOS)等组成。

1. 服务器

服务器(Server)是网络中为用户提供各种网络服务,实现网络管理功能的主机。网络上的共享资源大都集中在服务器上,它是网络中重要的计算机设备,一般由高配置的专用计算机来担当这一角色,在网络操作系统的配合下可实现网络的资源管理、用户访问管理和提供网络服务等功能。基于 PC 的局域网一般采用高档 PC 作为服务器。

2. 工作站

工作站也称客户机(Client),是指连接到计算机网络中供用户使用的个人计算机。可以有自己的操作系统,具有独立处理能力;通过运行工作站网络软件,访问服务器共享资源。

3. 网络适配器

网络适配器(Network Adapter)也称为网络接口卡或简称网卡,是计算机与传输介质进行数据交互的中间部件,主要进行编码转换。计算机通过它与网络相连,实现资源共享和相互通信、数据转换和电信号匹配等。要使计算机连接到网络中,必须在计算机上安装网卡。

4. 传输介质

网络中各结点之间的数据传输必须依靠传输介质。网络传输介质可分为有线传输介质和无线传输介质,有线传输介质上可传输模拟信号和数字信号,无线传输介质上大多传输数字信号。适用于局域网的有线传输介质主要有双绞线、同轴电缆和光缆等。

1) 有线传输介质

(1)双绞线。双绞线是两条相互绝缘的导线缠绕若干次,使外部的电磁干扰降到最低限度,以保护信息和数据。通常双绞线制作成电缆形式,在外面套上护套,如图 6-10 所示。双绞线分为非屏蔽双绞线和屏蔽双绞线两种。根据国际电气工业协会 EIA/TIA 的定义,目前共有 5 类双绞线。局域网中常用的是第 5 类双绞线,其传输速率能达到 100Mbps。双绞线常用于星状网的布线连接,线两端均安装 RJ-45 头(水晶头),分别连接网卡与集线器,网线最大允许长度为 100m,过长的连接线会导致信息传输的不稳定。

(a) 双绞线　　　　　　　　(b) 双绞线电缆

图 6-10　双绞线与双绞线电缆

(2)同轴电缆。同轴电缆的核心部分是一根导线,导线外有一层起绝缘作用的塑性材料,再包上一层金属网,用于屏蔽外界的干扰,最外面是起保护作用的塑性外壳。同轴电缆的结构如图 6-11 所示。同轴电缆的抗电磁干扰特性强于双绞线,传输速率与双绞线类似,但它的价格也高,几乎是双绞线的两倍。

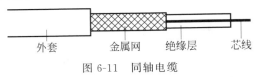

外套　　　　金属网　　绝缘层　　芯线

图 6-11　同轴电缆

(3)光缆。光缆是由一组光导纤维组成的用来传播光束的、细小而柔韧的传输介质。与其他传输介质相比,光缆对外界的电磁干扰十分迟钝,传输容量大、传输距离远、传输速度快,但成本较高,且需要对光电信号进行转换,主要用于主干网的连接。

2) 无线传输介质

无线传输介质都不需要架设或铺埋电缆或光纤,而是通过大气传输。无线传输不受固定位置的限制,可以全方位实现三维立体通信和移动通信,目前有三种技术:微波、红外线和激光。

(1)微波。微波通信是在对流层视线距离范围内利用无线电波进行传输的一种通信方式,频率范围为 2GHz~40GHz。微波通信的工作频率很高,与通常的无线电波不一样,是沿直线传播的,由于地球表面是曲面,微波在地面的传播距离有限,直接传播的距离与天线的高度有关,天线越高,距离越远,但超过一定距离后就要用中继站来接力,两微波站的通信距离一般为 30~50km,长途通信时必须建立多个中继站。中继站的功能是变频和放大,进行功率补偿。逐站将信息传送下去。微波通信的传输质量比较稳定,影响质量的主要因素是雨雪天气对微波产生的吸收损耗、不利地形或环境对微波所造成的衰减现象。

(2)红外线和激光。红外通信和激光通信也像微波通信一样,有很强的方向性,都是沿直线传播的。这三种技术都需要在发送方和接收方之间有一条视线(Line-of-Sight)通路,有时统称这三者为视线媒体。所不同的是红外通信和激光通信把要传输的信号分别转换为红外光信号和激光信号,直接在空间传播。这三种视线媒体,由于都不需要铺设电缆,对于连接不同建筑物内的局域网特别有用,这是因为很难在建筑物之间架设电缆,不论在地下还是用电线杆,特别是要穿越的空间属于公共场所,例如要跨越公路时,会更加困难,使用无线技术只需在每个建筑物上安装设备。这三种技术对环境气候较为敏感,如雨、雾和雷电。相对来说,微波一般对雨和雾的敏感度较低。

(3)卫星通信。卫星通信是以人造卫星为微波中继站,它是微波通信的特殊形式。卫星接收来自地面发送站发出的电磁波信号后,再以广播方式用不同的频率发回地面,为地面工作站接收。卫星通信可以克服地面微波通信距离的限制。一个同步卫星可以覆盖地球的 1/3 以上表面,三个这样的卫星就可以覆盖地球上全部通信区域,这样地球上的各个地面站之间就都可互相通信了。卫星通信的优点是容量大、距离远,缺点是传播延迟时间长。

5. 网络互连设备

网络互连是指分布在不同地理位置的网络、设备相连接,以构成更大规模的互连网络系统,实现更大范围互联网络资源的共享。根据网络层次的结构模型,网络互连的层次可分为物理层互连、数据链路层互连、网络层互连和高层互连。OSI 模型各层次与网络互连设备之间的关系如表 6-1 所示。

表 6-1 OSI 模型各层次与网络互连设备之间的关系

OSI 模型	网络互连设备	OSI 模型	网络互连设备
应用层	网关	网络层	路由器、第三层交换机
表示层		数据链路层	网桥、交换机
会话层		物理层	中继器、集线器
传输层	路由器、第三层交换机		

1)中继器

由于存在损耗,在线路上传输的信号功率会逐渐衰减,衰减到一定程度时将造成信号失真,因此会导致接收错误。中继器就是为解决这一问题而设计的。它完成物理线路的连接,对衰减的信号进行放大,保持与原数据相同。

中继器(Repeater)又叫转发器,工作于 OSI 模型的物理层,是局域网中用来扩展网络范围的最简单的互连设备,如图 6-12 所示。它的作用是将传输介质上传输的信号接收后经过放大和整形,再发送到其他传输介质上。经过中继器连接的两段电缆上的工作站就如同在一条加长的电缆上工作一样。

2)集线器

集线器(Hub)是局域网中重要的部件之一,如图 6-13 所示。集线器是用于把局域网内部的计算机和服务器等连接起来的网络设备,在星状拓扑结构中担当中心结点。一个集线器上往往有 8 个、16 个或 24 个端口,用双绞线把一个端口和计算机的网卡连接起来。当数据从一台计算机发送到集线器上以后,就被中继到集线器中的其他所有端口,供网络上其他用户使用。

图 6-12　中继器

图 6-13　集线器

3）交换机

交换机(Switch)是一种计算机连网设备,它属于 OSI 模型中数据链路层的一种中继设备,随着技术的发展,现在已有了三层或三层以上的交换机,如图 6-14 所示。交换机可以极大地改善网络的传输性能,适用于大规模的局域网。

4）网桥

网桥(Network Bridge)是数据链路层实现局域网互联的存储转发设备,如图 6-15 所示。它用于两个局域网之间的数据存储和转发,局域网通过网桥链接如图 6-16 所示。网桥要求互联网络的操作系统相同,具有相同的协议,而各网络使用的网卡、传输介质和拓扑结构可以不同,因此它可以连接使用不同介质的局域网。

图 6-14　交换机

图 6-15　网桥

5）路由器

路由器(Router)是网络层的互连设备,它比网桥具有更强的互联功能,如图 6-17 所示。它的一个作用是连通不同的网络,另一个作用是选择信息传送的线路。路由器能够根据网上信息的拥挤程度,自动选择合适的线路传送信息。它能对收到的数据分组进行过滤、转发、加密、压缩等处理。

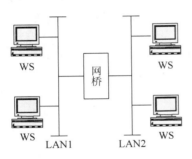

图 6-16　局域网通过网桥链接

图 6-17　路由器

6）网关

网关（Gateway）又称为网间连接器、协议转换器，是网络高层互联设备。它是用来连接完全不同体系结构的网络设备，或用于连接局域网与主机的设备。网关的主要功能是把不同体系网络的协议、数据格式和传输速率进行转换。

6. 网络操作系统

网络操作系统是计算机网络的核心软件，除了具有一般操作系统的功能，还具有控制和管理网络资源、提供网络服务等功能，是计算机管理软件和通信控制软件的集合。

一般的操作系统的功能是负责计算机的全部软、硬件资源的分配和调度工作，控制并协调并发活动，实现信息的存取和保护。它提供用户接口，使用户获得良好的工作环境。操作系统使整个计算机系统实现了高效率和高度自动化，是整个计算机系统的核心。

网络操作系统的基本功能是实现网络通信，它接收网络工作站的请求，并提供网络服务。网络通信功能提供高效、可靠的网络通信能力。网络操作系统的服务功能主要是为网络用户提供各种服务，传统的计算机网络主要共享资源服务，包括硬件资源和软件资源的共享。现代计算机网络还可以提供电子邮件服务、文件上传/下载服务等。

在网络操作系统的发展过程中，应用较广的有 Novell 公司的 Netware 操作系统、Microsoft 公司的网络版 Windows 操作系统，现今很流行的各种版本的 Linux 系统也是深受用户欢迎的网络操作系统。

6.4　Internet 概述

Internet 不是一个网络，而是许多网络的互联，可以大致分为两部分：Internet 接入网和 Internet 骨干网。对于骨干网，需要铺设线路跨越省、国家、洲，因此建设周期长、成本高。这种线路往往由专门的通信运营商建设，中国电信、中国网通、中国移动等公司都有这样的网络在运营。普通用户则通过租赁这些网络运营商的线路来实现和因特网的连接，这段网络连接就是上述的广域网接入网。

6.4.1　Internet 骨干网络

早期骨干网使用铜缆作为通信介质，在其中传输的信息很容易受到各种噪声的干扰，因此这个时候其数据链路层较为复杂，主要目的是保证无差错地传输数据。其中最具代表性的就是高级数据链路控制（High-level Data Link Control，HDLC）。HDLC 主要解决以下问题：

（1）将比特组成具有一定结构的帧。帧的开始和结束都由特定的比特模式（01111110）标志，主要包括一些控制比特、数据，以及用于判断帧是否被正确传输的校验码。为了避免在帧内出现和开始/结束标志相同的比特模式，采用了比特填充技术。

（2）流量控制。保证接收方能处理所有收到的数据，因此发送方必须得到对方明确的指示才能继续发送。

（3）差错控制。接收方收到错误的帧则不会给对方回应；发送方长时间收不到对方的回应信息后会自动重发。

HDLC 的协议过程比较复杂，网络设备需花费较多时间用于处理协议过程，这些处理也在一定程度上降低了网络的性能。

当光纤被广泛应用到通信中后，广域网的数据传输速率有了飞速的发展。其中有代表性的技术是同步光纤网络（Synchronous Optical Networking，SONET）和同步数字体系

（Synchronous Digital Hierarchy，SDH）。SONET 和 SDH 是两个很相似的协议，其中 SONET 主要在美国和加拿大应用，SDH 吸收了 SONET 的经验，在世界的其他地区使用。SONET/SDH 采用了时分多路复用技术，若干低级别的线路汇聚成为数据传输速率更高的级别。表 6-2 列出了其不同级别的数据传输速率，由于 OC-192 和 SDH-64 非常接近 10Gbps，10Gbps 以太网为此专门设计了能与之兼容的模式。

表 6-2　SONET/SDH 不同级别的数据传输速率

SONET 光载波级别	SONET 帧格式	SDH 级别	SDH 帧格式	数据传输速率
OC-1	STS-1	—	—	51.840Mbps
OC-3	STS-3	SDH-1	STM-1	155.520Mbps
OC-9	STS-9	—	—	466.560Mbps
OC-12	STS-12	SDH-4	STM-4	622.080Mbps
OC-18	STS-18	—	—	933.120Mbps
OC-24	STS-24	SDH-8	STM-8	1.244 160Gbps
OC-36	STS-36	SDH-12	STM-12	1.866 240Gbps
OC-48	STS-48	SDH-16	STM-16	2.488 320Gbps
OC-96	STS-96	SDH-32	STM-32	4.976 640Gbps
OC-192	STS-192	SDH-64	STM-64	9.953 280Gbps
OC-256	STS-256	—	—	13.271 040Gbps
OC-384	STS-384	—	STM-128	19.906 560Gbps
OC-768	STS-768	—	STM-256	39.813 120Gbps
OC-1536	STS-1536	—	STM-512	79.626 240Gbps
OC-3072	STS-3072	—	STM-1024	159.252 480Gbps

SONET/SDH 属于物理层协议，解决的是如何利用光信号编码信息的问题。在传输网络数据时，例如在因特网中使用的 IP over SONET/SDH，还需要数据链路层协议。在 SONET/SDH 网络中传输数据的具体的典型过程是首先将高层的数据（在因特网中就是 IP 分组）封装进点到点协议（Point to Point Protocol，PPP）帧，然后再用物理层传输。

6.4.2　Internet 接入网

通过 SONET/SDH 接入因特网成本相对较高，因此很多终端用户是通过铜介质连接到电话公司的，因此基于铜介质的广域网接入在较长时间内仍将占据主导地位。使用普通调制解调器（MOdulator-DEModulator，MODEM）通过的电话线连接的速率最高可达 56kbps，这个速率大大限制了网络的应用。综合业务数字网（Integrated Services Digital Network，ISDN）可以支持最高 144kbps 的数据率，在 20 世纪 90 年代曾得到较为广泛的应用。随着数字用户线（Digital Subscriber Line，DSL）技术的成熟，利用电话线接入的数据传输速率有了很大的提高。

在 DSL 协议族中，不对称数字用户线（Asymmetric Digital Subscriber Line，ADSL）很具代表性。其基本原理是将电话线的带宽分为三部分：其中 0～4kHz 用来传输语音，25～138kHz 以上部分用于上传，138kHz～1.1MHz 部分用于下载。由于普通用户上传的数据量远小于下载的数据量，因此分配给上传的带宽要小于下载的带宽，这就是不对称的来由。为了使用 ADSL，在用户端必须有一个分线器，将低频部分过滤给电话机，而将高频部分过滤给 ADSL MODEM。由于使用不同的频率，在使用 ADSL 上网时不会像普通 MODEM 那样影响电话的使用。ADSL 自提出以来已经得到许多改进，在 2008 年其数据传输速率下载时最高可达 24Mbps,上传时最高可达 3.5Mbps。

ADSL 仍属于物理层范畴,在 ADSL 之上有多种数据链路层协议可选,使用最广泛的是通过以太网上的点到点协议(Point to Point Protocol over Ethernet,PPPoE)。这个协议结合了 PPP 协议支持用户名/口令认证的特点和以太网传输数据率高的优点,既提高了传输速率,也为电信公司收费提供了方便。

第二代移动电话网络(2G)最初在数据传输方面表现不佳,为了解决这个问题,通用分组无线服务技术(General Packet Radio Service)被开发出来。因此人们也把 GSM+GPRS 称为 2.5G。在第三代移动通信中,码分多址(Code Division Multiple Access,CDMA)信道访问技术起到关键的作用。这种高效的信道访问技术使得 3G 在数据通信方面比 2.5G 有了长足的进步,其数据传输速率通常可以达到 2.4Mbps,而 2.5G 的数据传输速率只有 $100\sim200$ kbps。由于移动设备通常具有较低的分辨率和较慢的数据处理能力,同时还要考虑电池因素,因此其数据传输速率相对较低。

利用光纤接入可以进一步提高数据传输速率,这方面的技术有光纤接入(Fiber To The X,FTTx),其中的 X 指不同的接入场合。例如 FTTC(Fiber To The Curb),指光纤到路边,将光纤接入设备放置到路边机箱,然后再通过铜质线缆接入用户。由于缩短了铜质线缆的传输距离,可大大提高最终用户的数据率。以更高的数据率接入可以采用 FTTH(Fiber To The Home),用光纤直接接入用户住宅,可支持各项宽带应用。从 2011 年起,我国北京等一些城市开始推广光纤接入服务。

同步轨道卫星也是一项成熟的通信手段,早期主要用于广播电视节目传播、海事卫星电话通信等。随着因特网应用的普及,很多公司提供了通过同步卫星接入的服务。其优点是覆盖范围更广,一些普通通信手段无法接入或接入不便的地区也可以使用。缺点是同步轨道卫星距离地球较远,电磁波传输的时间较长,因此用户会感觉网络的响应速度较慢。

近地轨道卫星是从 20 世纪 90 年代开始的新的卫星通信技术,其代表是铱星计划。由于近地轨道卫星不像同步轨道卫星那样可以和地面保持一个相对稳定的角度,必须使用多颗卫星接力的方式来实现和地面不间断的通信。铱星计划由于其耗时较长,等到卫星网络建好后 GSM 手机已经基本覆盖全球了。其前期巨大的投资和建成后的巨额营业费用,最终使得这项计划以失败告终。投资总额达 60 亿美元的资产,最终被以 2500 万美元的价格拍卖。其后也有 Teledesic 等类似的利用近地轨道卫星接入因特网的计划,然而至今还没有成功的案例。

6.4.3 IP 协议和 IP 地址

互联网协议(Internet Protocol,IP)是因特网网络层使用的主要协议,其主要的作用是寻址和路由。IP 协议是无连接的协议,在传输数据之前无须建立连接,其传输的数据单位称为分组,每个分组必须携带完整的源地址和目的地址。目前使用的 IP 协议版本是 4(IPv4),每个地址占 32 比特。由于其二进制形式书写不方便,因此习惯上将这 32 比特分为 4 组,每组 8 比特,写成十进制形式,其范围在 0 和 255 之间,中间用小数点隔开。每个 IP 地址分为两部分:网络号和主机号。可以类比长途电话号码的长途区号+本地号码。但与之不同的是,IP 地址的长度是固定的,在 IP 的分组格式中明确规定为 32 比特。

路由器在转发分组时采用的是站到站的转发:每个路由器收到一个分组后,根据其目的地址的网络号,在路由表中查找下一站路由器地址,将之投递到下一个路由器。由于互联网规模很大,其中的结点状态是无法预知,随时变化的。因此路由协议必须能够适应网络状态的动态性,路由表都是路由器根据网络状态自动生成、即时更新的。

IP 地址根据网络号码的长度不同,传统上被分为 A、B、C、D、E 五个类别。各类别的简要说明如表 6-3 所示。按照该表在判断某个 IP 地址是哪个类别时,一定要注意确保第一个数字的二进制形式达到 8 比特,不足的话前面补 0(每组必须是 8 比特,总共 32 比特)。其中的 D 类用于多播,而 E 类保留未用。

表 6-3　IP 地址分类

类　　别	第 一 字 节	网络号个数	主 机 个 数
A	0xxxxxxx	2^7-2	$2^{24}-2$
B	10xxxxxx	2^{14}	$2^{16}-2$
C	110xxxxx	2^{21}	2^8-2
D(多播地址)	1110xxxx		
E(保留)	1111xxxx		

将 IP 地址分为网络号+主机号的一个优点是可以大大减少路由表的长度,主要原因在于一个网络号中的所有主机通常在一个地理区域中,路由器只要记住某个网络如何到达即可,而无须记录每个主机如何到达。在一个网络中,全 0 的地址用来指代这个网络,而全 1 的地址用来表示广播,因此普通主机不能用全 0 或全 1 的地址。

这个 IP 地址分类方法的缺点也是显而易见的,将网络规模分成三类,各类别之间的差异极其巨大。如果一个公司需要 300 个 IP 地址,超出了 C 类网络所能容纳的 254 个主机,将不得不申请并占用一个可容纳 6 万多个地址的 B 类网络号码。这是一种非常低效的分配方案,因此 IP 地址很快就不够用了。解决的方法是采用无类域间路由(Classless Inter-Domain Routing,CIDR)技术,顾名思义,不再按照类别来分配网络地址,而是直接指定网络号的长度。由于 IP 地址的总长度是 32 比特,因此指定了网络号的长度,也就间接地限定了该网络中可以容纳的主机个数。例如,某网络中的一个地址是 202.205.107.10/22,说明其网络号长度是 22 比特,那么其主机号长度就是 10 比特,可容纳 $2^{10}-2=1022$ 台主机,范围是 202.205.104.0～202.205.107.255。其计算过程如下:

(1) 将 IP 地址写成二进制形式(每组不够 8 比特则在其前面补 0,直到补齐 8 比特):**11001010110011010110101**1100001010。

(2) 将其分为网络号和主机号,网络号的长度是 22,如上面用黑体字标注。

(3) 将主机号清 0,得到该网络的起始号码:**1100101011001101011010**0000000000。

(4) 将主机号置 1,得到该网络的结束号码:**1100101011001101011010**1111111111。

(5) 再变换为十进制形式,得到 202.205.104.0 和 202.205.107.255。

图 6-18　WHOIS 查询

如果想查询某个 IP 所在的网络地址范围和其所属的地区、单位,可以到 www.cnnic.net.cn(中国互联网络信息中心)查询。如图 6-18 所示,在其首页的"WHOIS 查询"中输入 IP 地址,并选择"IP 地址",即可查看到该地址所属的地区和单位(英文描述)。该网站只存储了亚太地区的 IP 数据库,因此如果 IP 地址不在亚太地区则系统会报告没有查到。在 UNIX/Linux 操作系统中有 whois 命令可以查询 IP 地址的归属单位和地区,在 Windows 操作系统中需要第三方的 whois 应用程序。

即便采用 CIDR 方案,IP 地址仍然很紧张,32 比特能表示大约 40 亿个不同的 IP 地址,相对于全球人口,人均不到一个,而且许多人要占用不止一个 IP 地址。网络地址转换(Network

Address Translation,NAT)在一定程度上缓解了这个危机。其原理是在公司或组织内部用内部IP,需要访问外部网络时再用有效IP代替内部IP。为此预留了三段IP地址:10.0.0.0/8、172.16.0.0/12、192.168.0.0/16。

这些IP地址被用作内网IP,在外部的路由器会丢弃含有这些地址的分组。

NAT缓解了IP地址紧缺的窘状,然而也带来一些问题。NAT通常使用不同的传输层端口来代理使用内网IP的主机来访问外部,这样就造成了外部主机无法使用常用的端口地址来访问内网的机器。如果希望外部机器访问内部主机,则必须在NAT中设置端口转发,将特定端口的访问映射到内部的某个IP上。当然这一缺点也有两面性,很多网管人员不希望外部直接访问内网主机,这一缺点反而成了优点。但总的来说,NAT破坏了IP协议最初希望的地址的全球唯一性原则,因此是一个临时的解决方案。

由于IPv5被用于流传输的实验,因此IPv6成为IPv4的继承者,基于IPv6的网络也被称为下一代网络。从1996年制定出相关的协议后经过多年的推广,仍没有得到普遍的应用。在这个版本中,地址所占的比特数从32提高到了128,这是一个相当大的数字。假设每秒分配100万个地址,IPv6的地址数够分配10^{25}年以上。IPv6也在协议简化、提高网络安全性等许多方面做出了改进。目前的主流操作系统已经支持IPv6协议,而随着技术的逐步成熟,IPv6有望代替IPv4成为因特网的主要协议。

6.5 Internet 应用

互联网已经广泛应用在社会生活的各个方面,包括商业、教育、娱乐等。下面从域名系统、浏览器、万维网等方面具体介绍各项应用。

6.5.1 域名系统、统一资源定位器、统一资源标识

在因特网中,要访问某台主机提供服务必须要获知其IP地址,然而记忆许多数字对于大多数人来说十分困难。域名系统的基本思路就是将名字与IP地址关联起来,以便通过名字来访问主机。为了实现这一目标,需要有一个权威机构来分配IP地址和名字,这个机构是互联网名称与数字地址分配机构(Internet Corporation for Assigned Names and Numbers,ICANN)。该机构又授权5个地区机构,例如,在亚洲太平洋地区是APNIC(Asia Pacific Network Information Centre),在中国可通过APNIC的会员单位如中国互联网络信息中心(China Internet Network Information Center,CNNIC)等申请域名和IP地址。同时,还需要一些服务器,存放域名和IP地址的对应关系,以便用户查询某个域名对应的IP地址。

域名是一种层次化的命名体系,主要有两类,一类是通用域(generic),另一类是国家域。常见的通用域包括com(公司)、edu(教育机构)、gov(美国政府)、int(国际性组织)、mil(美国军队)、net(网络供应商)、org(非营利组织)、biz(商贸)、info(信息)等。由于美国是互联网的发明地,因此不带国家域的gov、mil等名字专门指美国的政府、军队。国家域则用两个字母代表不同的国家,如cn(中国)、jp(日本)、us(美国)等。

将域名变换成对应的IP地址的过程被称为域名解析,为了实现这个过程,每台连接因特网的计算机都要设定好其DNS服务器。DNS服务器记录了它所知道的域名及其对应的IP地址,这些记录分为两类:权威的和非权威的。权威的是指该记录是直接记录在该域名服务器中的;而非权威的是指该记录是DNS服务器向其他服务器查询得到的。非权威的记录有效期较短,一定时间后自动失效。如果所查询的DNS不知道某个域名对应的IP是什么,通常

会向其上一级域询问，一直到达根域名服务器。目前世界上有 13 个根域名服务器，其他的域名服务器会随机选择其中的一个来查询。

当一个机构申请了一个域名之后，该单位就可自行分配这个域名之下的其他名字。例如，北京印刷学院的域名是 bigc.edu.cn，那么 www.bigc.edu.cn、ftp.bigc.edu.cn、cs.bigc.edu.cn 等都由北京印刷学院分配。当某台外部的机器访问其中的一台主机，如 www.bigc.edu.cn 时，根域名服务器会把其请求交给 bigc.edu.cn 对应的域名服务器（202.205.107.10）来解析。

在访问互联网时，人们常常用"网址"来表示所访问的地址，"网址"的正式名称应该是统一资源定位器（Uniform Resource Locator，URL）。URL 说明了如何访问一个网络资源，其由三部分构成：第一部分是协议（或称为服务方式）；第二部分是存有该资源的主机地址（有时也包括端口号）；第三部分是主机资源的具体地址，如目录和文件名等。

例如表 6-4 中的"ftp://ftp.bigc.edu.cn:10021/incoming"，其中 ftp 指该资源使用的服务是文件传输服务，其主机地址是"ftp.bigc.edu.cn:10021"。由于 FTP 服务的默认端口是21，而该服务器没有使用默认的端口，而是自行选择了 10021 号端口，因此必须在地址最后指明其端口号。而"http://www.bigc.edu.cn"由于使用的是 HTTP 协议的默认 80 号端口就无须指明。"incoming"指明了该资源在服务器上的具体位置。

表 6-4　URL 类型实例

服　务	实　例	说　明
HTTP	http://www.bigc.edu.cn	WWW 网页
FTP	ftp://ftp.bigc.edu.cn:10021/incoming/	使用 10021 端口的 FTP 路径
Email	mailto:alice@bob.com	电子邮件地址
FILE	file://C:/a.txt	本机 C 盘根目录下的 a.txt 文件
MMS	mms://live.cctv.com/cctv_live1	CCTV-1 网络直播地址

URL 的一个问题是当某个资源的存取地址变化时，必须更新 URL，因此就无法用 URL 来指代某个资源。统一资源标识（Uniform Resource Identifier，URI）用来指定在网络中的任意一个空间。可以把 URL 看成是 URI 的一个子集，URI 指定某个资源，而 URL 说明如何访问到这个资源。

6.5.2　万维网

WWW 在社会生活中的应用包括下列几方面。

（1）信息的发布和获取：通过网络即时地发布信息，包括产品宣传、新闻、科学知识等，和传统的媒体相比不仅时效性增强，而且在技术上不受地域的限制。

（2）虚拟社区：包括各种网络论坛、博客等服务。其内容的构建通过用户的参与及其之间的互动实现，几乎涉及人类生活各个方面的话题，并形成各具特色的虚拟社区文化。

（3）企业应用：使用 WWW 构建企业应用系统具有许多优点，包括天然的对网络的支持、用户界面友好、降低培训成本等。很多学校提供的选课、查询成绩系统就是 WWW 企业应用的典型案例。

（4）电子娱乐：包括分享视频、音频、大型多用户角色扮演游戏、局域网对战游戏等。

（5）电子商务：大致可以分为 4 类。B2B（Business to Business），网站作为一个平台撮合企业之间的交易；B2C（Business to Customer），各种直接针对最终消费者的购物网站；C2C（Customer to Customer），网站作为一个平台撮合消费者之间的交易；G2C（Government to Customer），公民通过网站直接完成各项对政府申报的义务，如个人纳税申报。

在 WWW 服务中,一个关键的协议是超文本传输协议(HyperText Transfer Protocol, HTTP),这是一项应用层协议,默认使用 TCP 端口 80。其基本交互过程是:客户机发出访问请求;服务器接受请求后分析所请求的文件;服务器获取文件后,将文件返回给客户机;客户机获得文件后将文件按照一定的格式显示给用户。在 HTTP 传输的文件中,多数是超文本标注语言(HyperText Markup Language,HTML)或可扩展超文本标注语言表示(eXtensible HyperText Markup Language,XHTML)的。这些文件描述了文章的结构,特别是能用超链接将相关的内容组织起来,这使得 WWW 的文档组织具有了革命性的进步。

前面提到协议是对等层实体之间的通信约定。对应 WWW 服务软件,客户机也要有相应的软件与之交互,这种软件通常被称为用户代理程序。对于 WWW 的用户代理程序来说,浏览器是一个更常用的名字。表 6-5 列出了 2022 年 12 月统计的最常见的几种浏览器各自所占的市场份额。

表 6-5 浏览器所占市场份额

浏览器名称	所占市场份额/%	浏览器名称	所占市场份额/%
Chrome	66.18	Firefox	7.22
Edge	10.99	Opera	3.29
Safari	8.98		

下面以 IE9.0 为例简要说明浏览器的使用。如图 6-19 所示,其中上方用粗线框强调的是浏览器的地址栏,要访问某个网站时,在这里输入其 URL。如果这个网站以前访问过,则浏览器会用下拉框提示,很多时候可以省下手工输入。为了避免忘记一个重要的网站,用"收藏"功能可以将任意网站的 URL 收藏起来。收藏夹支持多级目录管理,适合收藏许多网站的用户使用。

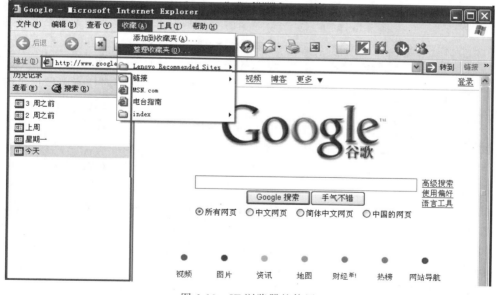

图 6-19 IE 浏览器的使用

在公用机房使用浏览器时,要注意隐私保护,包括适时地清除访问记录、输入的用户名/口令、被自动记录的输入框文字等。具体方法:选择"工具"→"Internet 选项"命令,在弹出的对话框的"常规"选项卡下方,选中"退出时删除浏览历史记录"复选框即可,如图 6-20 所示。然后再选择"内容"选项卡,单击"设置"按钮,在弹出的对话框中分别选中"表单"和"表单上的用

户名和密码"复选框,如图 6-21 所示。这样做可以很大程度上避免他人冒用该计算机用户在
网络中的相关账号。

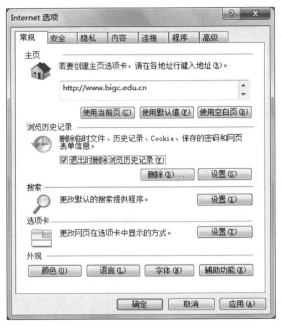

图 6-20 "常规"选项卡

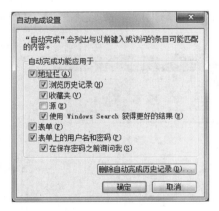

图 6-21 "内容"选项卡之"自动完成设置"

WWW 诞生以来,页面数量在持续增长,2007 年世界上约有 290 亿个页面,靠人工在这样大规模的信息中获取所需的内容几乎是不可能的。因此搜索引擎对于访问 WWW 非常重要。搜索引擎的工作原理简要来说包括下列步骤:首先用程序自动收集所能获取的网页;之后用关键字对收集到的网页做索引;最后当用户查询某个关键字时搜索引擎根据索引可以快速找出那些含有所查询关键字的网页。

当普通查询不能获得所需的结果时,可选择高级搜索。以图 6-19 所示的 Google 搜索引擎为例,在选择高级搜索后将出现图 6-22 所示的界面,其中在上方黑色方框范围内的是组合查询,可以选择出现所有的字、词或完整的句子。以查询"中国银行"为例,用出现所有的字查询,则"中国银行"
"中国工商银行""中国人民银行"等都会被选中;若要出现完整句子,那么只有在文章中出现连续的 4 个字"中国银行"的页面才会被选中。也可以选择包含某些字词,但不包含其他一些字词的组合查询,以便排除一些页面。一般来说,使用组合查询的包含"全部"时可以缩小查询结果的数量;使用组合查询的"至少一个"时会增加查询获得的结果数量。

如果希望在特定的网站中查询信息,则在下方网域区域输入网站名称(省略前面的 www 查询范围更广一些)。比如要搜索北京印刷学院的教学计划,直接搜索会得到很多关联度不高的结果,但限定搜索域为"bigc.edu.cn"之后,再查找"教学计划"获得的结果就十分集中。此外,每个搜索引擎都提供了帮助,在图 6-22 的上方就有"搜索帮助"链接,阅读这样的帮助文档可以快速提高使用搜索引擎的能力。

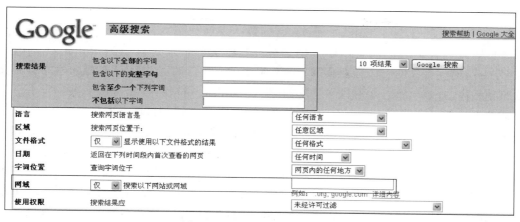

图 6-22 搜索引擎的高级搜索

6.5.3 电子邮件

电子邮件也是因特网应用的一个重要方面。要实现收发电子邮件,需要多种协议。首先要有一个标准说明电子邮件的格式,包括发送者、收件人、邮件标题、邮件体等。有时邮件的发件者和作者不同,其中作者(From)是最初写邮件的用户,而发送者(Sender)是真正发送该邮件的用户。例如在用户甲收到一封用户乙的邮件后,使用转发(Forward)功能将之转发给其他用户,那么转发后的邮件作者仍是用户乙,但发送者就成了用户甲了。

邮件撰写好之后,要发送出去必须使用简单邮件传送协议(Simple Message Transfer Protocol,SMTP)。这也是一个应用层协议,默认使用 TCP25 号端口。这个协议的一个缺点是不对发送人作认证,因此可以很容易地使用该协议发送垃圾邮件。垃圾邮件不仅浪费了网络的带宽,更浪费了邮件用户的时间,邮件服务商不得不采用多种技术来过滤垃圾邮件。SMTP 只负责将邮件发送,并不关心对方收到邮件后如何存储、交付给最终用户。

用户要想接收邮件,必须依靠邮局协议版本 3(Post Office Protocol version 3,POP3)或因特网消息访问协议(Internet Message Access Protocol,IMAP)。POP3 默认使用 TCP110 号端口,而 IMAP 默认使用 143 号端口。这两个协议的功能大体相近,不同的是 POP3 鼓励用户下载邮件到本地之后再阅读,而 IMAP 增强了在线管理邮件的功能,并支持用户多次登录同一个账号。

每个电子邮件的账号形如 UserName@mailserver.com。其中@符号前面的字符串是用户在邮件服务商注册的用户名,后面的字符串则是对应的邮件服务器的名字。邮件服务器可以分为两类,一类是公共的,例如许多门户网站都提供免费或收费的电子邮件服务;另一类是专用的,通常是各个公司、机构为其员工开设的电子邮件服务。

许多邮件服务器都提供了 Web 形式的访问,直接在浏览器里就能完成邮件的接收和发送。而在早期,都是由专门的邮件客户端来完成这些工作的。即便浏览器能够实现大多数的功能,但到目前为止,还不能实现离线浏览。此外,专用的邮件客户端也有许多有用的辅助功能,如 Windows 操作系统的 Outlook Express 提供的目录管理、邮件过滤规则等。许多邮件服务商支持用户使用邮件客户端,在配置之前必须获取对方的 SMTP 和 POP3 服务器的地址,通常会在其邮件服务主页上详细地介绍如何在各类邮件客户端上配置。也有一些免费邮箱供应商故意不支持邮件客户端,从而可以强迫用户用浏览器浏览时观看网站的广告。

6.5.4 文件下载

文件下载一直是因特网的重要应用之一。其中文件传输协议（File Transfer Protocol，FTP）是专门提供文件的上传和下载服务的。很多计算机厂商用 FTP 服务器来发布其相关产品的驱动程序、升级包等。也有许多共享的 FTP 服务器，用户可以上传和下载各类文件。在浏览器的地址栏里直接输入一个 FTP 服务的 URL，就可以访问该服务器了。

很多 FTP 服务器都支持匿名访问，也就是无须注册直接用 anonymous 用户来访问，这个用户的口令是任意一个电子邮件地址。如果要访问的服务器不支持匿名访问，浏览器就会自动弹出一个对话框让用户输入注册的账号和口令。此外，也可以通过右击浏览器工作区中的空白区域，从弹出的快捷菜单中选择"登录"命令来用一个不同的身份登录服务器。这里要说明的是，如果 FTP 服务器和客户机在一个局域网内或者一个机构内部，那么使用浏览器来上传和下载是最方便的。如果在外部，而且要访问的文件很大，那么直接用浏览器进行操作往往会由于网络延迟而失败，这时最好使用专用的下载客户端软件。

利用 HTML 语言的超链接也可以支持下载文件。这种发布的优点是可以很好地组织要下载的文件页面，连带文件的使用说明、用户交流都可支持。缺点是用户上传文件非常不便。因此这种方法适合于发布文件。

FTP 或者 HTTP 传输文件是典型的客户机-服务器模式应用，其特点是少数几台提供服务的机器用来存放文件，很多访问服务的客户机上传或下载。这种模式的一个弊端是当用户数量增加时，会加重服务器的负担，从而使得每个用户都感到上传/下载速度很慢。更糟糕的是，很多专门的文件下载软件都支持多线程操作，这使得少数几个用户就可以造成相当大的服务器负载。要想提高下载速度并支持更多的用户同时访问，服务器不仅要有超强的处理能力，也要有充足的带宽，为满足这些要求要付出很高的成本。

点到点（Peer to Peer，P2P）是一种相对年轻的应用模式，和客户机-服务器模式不同，在 P2P 的应用中每个结点既是客户机，同时也是服务器。多个结点共享一个文件时，每个结点既可以从其他结点上下载该文件，同时也作为服务器向其他结点提供该文件（该结点已经下载的部分）的下载服务。因此在 P2P 模式下，一个文件下载的用户越多，也就意味着这个文件可以有更多的下载源，每个用户更容易获得较高的下载速度（当然要受到用户线路能力的限制）。目前使用最广的 P2P 协议有两个：BitTorrent 和 Emule。它们都是公开的协议，有许多开源的自由软件客户端可以使用。

需要说明的一点是，如果机器使用的是内网 IP，在通常情况下会大大降低 P2P 的速度，原因是外部主机无法主动建立到内网主机的连接，这使得使用内网 IP 的机器所能得到的源的数量大大减少。为了解决这个问题，必须在提供 NAT 服务的路由器上设置端口转发，以便将某些端口转发到特定的内部主机，并在内部主机的客户端中设置使用那些转发的端口号，这个过程相对比较烦琐。通用即插即用（UPnP）可以很好地解决这个问题，可以使数据包在没有用户交互的情况下，无障碍地通过路由器，避免了烦琐的设置。

人们对 P2P 技术也有一些批评，其中最严厉的指责是其纵容了盗版问题。用传统的基于 FTP 或 HTTP 技术来发布盗版软件，权利人可以很容易地找出侵权者并令其停止这种行为。但在 P2P 网络中，特别是分布式 Hash 表技术的存在，使得破坏一个 P2P 网络在技术上几乎是不可能的。而且 P2P 网络中的文件都是用户自愿共享的，用户群体通常能达到百万级的规模，向这样大的一个群体追讨版权在现实中也是行不通的。但是 P2P 技术的确提高了用户访问网络的体验，而且作为合法软件的发布方法也受到越来越多自由软件发布者的欢迎。此外，

P2P 技术还有许多可以大显身手的应用场合,如播放电视节目等。因此,P2P 技术拥有非常光明的前景。

思考与练习

1. 什么是计算机网络?计算机网络和互联网有什么区别?
2. 简述计算机网络的发展历史。
3. 按照覆盖范围划分,计算机网络可以分为哪几种?
4. 什么是网络的拓扑结构?常用的网络拓扑结构有哪几种?
5. 简述 OSI 模型的分层结构和各层的功能。
6. 在 OSI 模型中,协议、接口、服务各指什么?
7. 简述 TCP/IP 模型,并将它和 OSI 模型进行对比。
8. 常用的网络传输介质有哪些?网络的主要连接设备有哪些?
9. 网络操作系统的主要功能是什么?
10. 什么是 ADSL?ADSL 如何分配电话线的带宽?
11. 什么是 URL、URI?二者有什么关系?
12. 简要说明域名在因特网中的作用。
13. 简要说明 WWW 的应用。
14. 为了接收和发送电子邮件,需要哪些协议?各自起什么作用?

第7章

多媒体技术

多媒体技术（Multimedia Technology）是以数字技术为基础，融合通信、广播和计算机技术，对文字、声音、图形、图像、动画、视频等多种信息进行综合处理，包括存储、传送和分析等综合性技术。本章将介绍多媒体的基本概念、多媒体系统组成、多媒体信息压缩和多媒体素材制作环境等。

7.1 多媒体技术的基本概念

7.1.1 多媒体的概念

1. 媒体

媒体的概念范围是相当广泛的，根据国际电信联盟标准化部门（ITU-T）对媒体的定义，"媒体"可分为下列五大类：感觉媒体、表示媒体、显示媒体、存储媒体和传输媒体。

（1）感觉媒体（Perception Medium）指的是能直接作用于人们的感觉器官，从而能使人产生直接感觉的媒体，包括视觉类媒体（如位图图像、图形、符号、文字、视频和动画等）、听觉类媒体（如语音、音乐、音效等）、触觉类媒体（如点、位置跟踪、力反馈与运动反馈等）、味觉类媒体、嗅觉类媒体等。

（2）表示媒体（Representation Medium）指的是为了加工、处理和传送感觉媒体而人为研究、构造出来的媒体。借助于此种媒体，便能更有效地存储感觉媒体或将感觉媒体从一个地方传送到另一个地方。表示媒体包括各种编码方式，如语音编码、文本编码、静止图像和运动图像编码等。

（3）显示媒体（Presentation Medium）指的是用于通信中使电信号和感觉媒体之间产生转换用的媒体，如输入、输出设备（键盘、鼠标、话筒、扬声器、显示器、打印机等）。

（4）存储媒体（Storage Medium）指的是用于存储表示媒体的物理介质，以方便计算机加工和调用信息，如纸张、磁带、磁盘、光盘等。

（5）传输媒体（Transmission Medium）是用来将表示媒体从一个地方传输到另一个地方的物理介质，是通信的信息载体。常用的有双绞线、同轴电缆、光纤和微波等。

媒体（Medium）在计算机领域有两种含义，一是指存储信息的实体，如磁盘、光盘、磁带、半导体存储器等，中文常译为媒质；二是指传递信息的载体，如数字、文字、声音、图形和图像等。多媒体技术中的媒体是指后者。

2. 数据、信息与多媒体

数据是记录描述客观世界的原始数字。信息是经过加工后具有一定意义的数据。信息是主观的、数据是客观的，单纯的数据本身并无实际意义，只有经过解释后才能成为有意义的信息。多媒体(Multimedia)从字面上理解就是文字、声音、图形、图像、动画、视频等"多种媒体信息的集合"。计算机处理的多媒体信息从时效上可分为两大类,一是静态媒体,包括文字、图形、图像;二是动态媒体,包括声音、动画、视频。

通常,多媒体并不仅仅指多媒体本身,而主要指处理和应用它的所有相关技术。因此多媒体实际上常被看作多媒体技术的同义词。

7.1.2 多媒体技术的特征

多媒体技术是指能够同时获取、处理、编辑、存储和展示两个以上不同类型信息媒体的技术。多媒体技术的主要特征包括多样性、集成性、交互性、实时性和数字化等。

(1)多样性。信息载体的多样性是多媒体的主要特征之一,也是多媒体研究要解决的关键问题。多媒体计算机技术改变了计算机信息处理的单一模式,使之能处理多种信息。

(2)集成性。以计算机为中心综合处理多种信息媒体,包括媒体的集成和处理这些媒体设备的集成。一方面多媒体技术能将多种不同媒体信息有机地组合成一个完整的多媒体信息,另一方面它把不同的媒体设备集成在一起,形成多媒体系统。从硬件的角度来讲,指能够处理多媒体信息的高速和并行 CPU 系统,并具有大容量的存储,适合多媒体、多通道的输入/输出能力,以及外设、宽带的通信网络接口。从软件角度看,是应该有集成一体化的多媒体操作系统、适应多媒体信息管理和使用的软件系统与创作工具,以及高效的各类应用软件。

(3)交互性。用户可以与计算机进行交互操作,从而为用户提供控制和使用信息的手段。这种交互都要求实时处理,如从数据库中检索信息量、参与对信息的处理等。交互可分成三个层次:媒体信息的简单检索与显示,是多媒体的初级交互应用;通过交互性使用户进入到信息的活动过程中,才达到了交互应用的中级阶段;当用户完全进入一个与信息环境一体化的虚拟信息空间自由遨游时,才是交互应用的高级阶段。

(4)实时性。实时就是在人的感官系统允许下,进行多媒体交互,就好像面对面一样,图像和声音都是连续的。声音动画视频等时基媒体信息要求实时处理。

(5)数字化。数字化指各种媒体的信息都以数字的形式(即 0 和 1 的形式)进行存储和处理,而不是传统的模式信号形式。数字化不仅易于进行加密、压缩处理,而且可以提高信息的安全与处理速度,抗干扰能力强。

7.1.3 多媒体信息处理的关键技术

多媒体信息的处理和应用需要一系列相关技术的支持,关键技术包括以下几方面。

1. 多媒体数据压缩技术

研制多媒体计算机需要解决的关键问题之一是要使计算机能实时地综合处理声、文、图信息。然而,由于数字化的图像、声音等多媒体数据量非常大,而且视频、音频信号还要求快速地传输处理,这致使一般计算机产品特别是个人计算机系列上开展多媒体应用难以实现,因此,视频、音频数字信号的编码和压缩算法成为一个重要的研究课题。

编码理论研究已有 40 多年的历史,技术已日趋成熟。在研究和选用编码时,主要有两个问题,一是该编码方法能用计算机软件或集成电路芯片快速实现;二是一定要符合压缩编码/解压缩编码的国际标准。

2. 多媒体数据存储技术

多媒体的音频、视频、图像等信息虽经过压缩处理,但仍需相当大的存储空间,只有在大容量只读光盘存储器 CD-ROM 问世后才真正解决了多媒体信息存储空间问题。

1996 年又推出了 DVD(Digital Video Disc)的新一代光盘标准,这使得基于计算机的数字视盘驱动器将能从单个盘面上读取 4.7～17GB 的数据量。

大容量活动存储器发展极快,1995 年推出了超大容量的 ZIP 软盘系统。

另外,作为数据备份的存储设备也有了发展。常用的备份设备有磁带、磁盘和活动式硬盘等。

随着存储技术的发展,活动式的激光(Magneto-Optical,MO)驱动器也曾作为备份设备的主流。MO 驱动器有 5.25 英寸和 3.5 英寸两种规格,其优点是数据的写入和再生可以反复进行,速度比磁带机快。

由于存储在 PC 服务器上的数据量越来越大,使得 PC 服务器的硬盘容量需求提高很快。为了避免磁盘损坏而造成的数据丢失,采用了相应的磁盘管理技术,磁盘阵列(Disk Array)就是在这种情况下诞生的一种数据存储技术。这些大容量存储设备为多媒体应用提供了便利条件。

3．多媒体专用芯片技术

多媒体专用芯片仰仗于超大规模集成电路(VLSI)技术,它是多媒体硬件系统体系结构的关键技术。因为,要实现音频、视频信号的快速压缩/解压缩和播放处理,需要大量的快速计算。而实现图像许多特殊效果、图像生成、绘制等处理以及音频信号的处理等,也都需要较快的运算处理速度,因此,只有采用专用芯片,才能取得满意效果。

多媒体计算机的专用芯片可分为两类:一类是固定功能的芯片,另一类是可编程数字信号处理器 DSP 芯片。

除专用处理器芯片外,多媒体系统还需要其他集成电路芯片支持,如数/模(D/A)和模/数(A/D)转换器,音频、视频芯片,彩色空间变换器和时钟信号产生器等。

4．多媒体数据库技术

由于多媒体信息是结构型的,致使传统的关系数据库已不适用于多媒体的信息管理,需要从以下几方面研究数据库:

(1)研究多媒体数据模型。

(2)研究数据压缩和解压缩的格式。

(3)研究多媒体数据管理和存取方法。

(4)用户界面。

5．虚拟现实技术

虚拟现实技术是用多媒体计算机创造现实世界的技术。虚拟现实的英文是 Virtual Reality,也有人将其译为临境或幻境。虚拟现实的本质是人与计算机之间进行交流的方法,专业划分实际上是"人机接口"技术,虚拟现实为很多计算机应用提供了相当有效的逼真的三维交互接口。

虚拟现实的定义:利用计算机生成的一种模拟环境(如飞机驾驶、分子结构世界等),通过多种传感设备使用户"投入"到该环境中,实现用户与该环境直接进行自然交互的技术。

虚拟现实技术有以下四个重要特征。

(1)多感知性:也就是除了一般计算机具有的视觉感知外,还有听觉感知、触觉感知、运动感知,甚至包括味觉感知和嗅觉感知等,只是由于传感技术的限制,目前尚不能提供味觉和嗅觉。

(2)临场性:也就是用户感到存在于模拟环境中的真实程度。

(3)交互性:指用户对模拟环境中物体的可操作程度和从环境中得到反馈的自然程度,

其中也包括实时性。

（4）自主性：指虚拟环境中物体依据物理规律动作的程度。

根据上述四个特征，我们应能将虚拟现实与相关技术区分开来，如仿真技术、计算机图形技术和多媒体技术，它们在多感知性和临场性方面有较大差别。

虚拟现实是一门综合技术，但又是一种艺术，在很多应用场合其艺术成分往往超过技术成分。也正是由于其技术与艺术的结合，使得它具有艺术上的魅力，如交互的虚拟音乐会、宇宙作战游戏等，对用户也是有更大的吸引力，其艺术创造将有助于人们进行三维和二维空间的交叉思维。

6. 多媒体网络与通信技术

多媒体通信要求能够综合地传输、交换各种信息类型，而不同的信息类型又呈现出不同的特征。在不同的应用系统中需采用不同的带宽分配方式，另外信息点播还要能通过电话线实现，多媒体通信技术也要提供必要的支持。另外，在当前因特网空前发展的局面下，如何使得不同类型的信息能够充分发挥其特性，是一个不容忽视的问题，如语音和视频要求较好的实时性，而一些文件需要一字不差的准确性。如何实现多媒体信息通信的理想环境是多媒体网络与通信技术追求的目标。

7. 人工智能与多媒体技术

人工智能技术的快速发展将为多媒体技术的应用带来更加广阔的空间，如利用语音识别、图像识别、自然语言处理等人工智能技术进行信息处理和展示，为用户提供更加智能化和个性化的服务。另外，结合智能技术、虚拟现实、5G网络技术，将多媒体机技术的应用带到更加广阔的空间，并使多媒体信息的生产、传输、展示更加高效、流畅。同时，多媒体促使人工智能向着更具可解释性的方向发展。

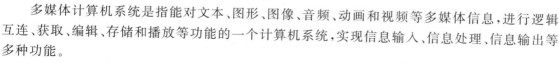

7.2 多媒体计算机系统

多媒体计算机系统是指能对文本、图形、图像、音频、动画和视频等多媒体信息，进行逻辑互连、获取、编辑、存储和播放等功能的一个计算机系统，实现信息输入、信息处理、信息输出等多种功能。

多媒体计算机系统由硬件系统和软件系统组成。其中，硬件系统主要包括多媒体计算机硬件、多媒体外围设备、多媒体输入/输出控制卡及接口，软件系统包括多媒体驱动软件、多媒体操作系统、多媒体数据处理软件、多媒体创作软件和多媒体应用软件。

1. 多媒体硬件系统的组成

多媒体硬件系统是由计算机存储系统、音频输入/输出和处理设备、视频输入/输出和处理设备等选择性组合而成的。

2. 多媒体驱动软件

多媒体驱动软件是多媒体计算机软件中直接和硬件打交道的软件。它完成设备的初始化，完成各种设备操作和设备的关闭等。驱动软件一般常驻内存，每种多媒体硬件需要一个相应的驱动软件。

3. 多媒体操作系统

多媒体操作系统，简言之，就是具有多媒体功能的操作系统。多媒体操作系统必须具备对多媒体数据和多媒体设备的管理和控制功能，具有综合使用各种媒体的能力，能灵活地调度多种媒体数据并能进行相应的传输和处理，且使各种媒体硬件和谐地工作。多媒体操作系统大致可分为两类：一类是为特定的交互式多媒体系统使用的多媒体操作系统，如 Commodore 公司为其推出的多媒体计算机 Amiga 系统开发的多媒体操作系统 Amiga DOS；另一类是通用的多媒体操作系统，如目前流行的 Windows 9x、Windows NT 系列。

4. 多媒体数据处理软件

多媒体数据处理软件是专业人员在多媒体操作系统之上开发的。在多媒体应用软件制作过程中，对多媒体信息进行编辑和处理是十分重要的，多媒体素材制作的好坏，直接影响到整个多媒体应用系统的质量。

常见的音频编辑软件有 Sound Edit、Cool Edit 等，图形图像编辑软件有 Illustrator、CorelDRAW、Photoshop 等，非线性视频编辑软件有 Premiere，动画编辑软件有 Animator Studio 和 3ds Max 等。

5. 多媒体创作软件

多媒体创作软件是帮助开发者制作多媒体应用软件的工具，能够对文本、声音、图像、视频等多种媒体信息进行控制和管理，并按要求连接成完整的多媒体应用软件，如 Authorware、Director、Flash 等。

6. 多媒体应用软件

多媒体应用软件又称多媒体应用系统。它是由各种应用领域的专家或开发人员利用多媒体开发工具软件或计算机语言，组织编排大量的多媒体数据而成为最终多媒体产品，是直接面向用户的。多媒体应用软件所涉及的应用领域主要有文化教育教学软件、信息系统、电子出版、音像影视特技、动画等。

7.3　多媒体信息数字化和压缩技术

在计算机输出界面上看到的丰富多彩的多媒体信息在计算机内部都会被转换成 0 和 1 的数字化信息后再进行处理，并且根据不同类型的信息采用不同的文件格式存储。

7.3.1　音频信息

1. 基本概念

声音来自机械振动，并通过周围的弹性介质以波的形式向周围传播。最简单的声音表现为正弦波。表述一个正弦波需要三个参数。

(1) 频率：振动的快慢，它决定声音的高低。人耳能听到的范围为 $20\text{Hz}\sim20\text{kHz}$。

(2) 振幅：振动的大小，它决定声音的强弱。振幅越大，声音越强，传播越远。

(3) 相位：振动开始的时间。一个正弦波相位不能对听觉产生影响。

复杂的声波由许多具有不同振幅和频率、相位的正弦波组成。声波具有周期性和一定的幅度，波形中两个相邻的波峰（或波谷）之间的距离称为振动周期，波形相对基线的最大位移称为振幅。周期性表现为频率，控制音调的高低。频率越高，声音就越尖，反之就越沉。幅度控制的就是声音的音量，幅度越大，声音越响，反之就越弱。声波在时间上和幅度上都是连续变化的模拟信号，可以用模拟波形来表示。

2. 音频的数字化

若要用计算机对音频信息处理，就要将模拟信号（如语音、音乐等）转换成数字信号，这一转换过程称为模拟音频的数字化。模拟音频数字化过程涉及音频的采样、量化和编码。其过程如图 7-1 所示。

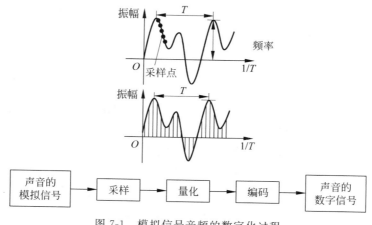

图 7-1 模拟信号音频的数字化过程

1）采样

采样是每隔一定时间间隔在模拟波形上取一个幅度值,把时间上的连续信号变成时间上的离散信号。该时间间隔为采样周期,其倒数为采样频率。采样频率即每秒钟的采样次数。采样频率越高,数字化的音频质量也越高,但数据量也越大。根据哈里•奈奎斯特(Harry Nyquist)采样定律,采样频率高于输入的声音信号中最高频率的两倍就可以从采样中恢复原始波形。这就是在实际采样中采取 40.1kHz 作为高质量声音的采样标准的原因。

2）量化

量化是将每个采样点得到的幅度值以数字存储。量化位数(采样精度)表示存放采样点振幅的二进制位数,它决定了模拟信号数字化以后的动态范围。动态范围是波形的基线与波形上限间的单位。简单地说,位数越多,采样精度越高,音质越细腻,但信息的存储量也越大。量化位数主要有 8 位和 16 位两种。8 位的声音从最低到最高只有 2^8(即 256)个级别,16 位声音有 2^{16}(即 65 536)个级别。专业级别使用 24 位甚至 32 位。

3）编码

编码是将采样和量化后的数字数据以一定的格式记录下来,主要解决数据表示的有效性问题。通过对数据的压缩、扰乱、加密等一系列处理,力求用少的数据传递最大的信息量。编码的方式很多,常用的有基于语音识别的编码方式、基于参数分析与合成的编码方式、基于波形预测的编码方式等。

3. 数字音频的技术指标

影响数字声音质量的主要因素有三个:采样频率、数字量的位数(简称量化位数)、声道数。量化位数上面已经介绍过,这里主要介绍采样频率和声道数。

采样频率决定的是声音的保真度。具体来说就是 1s 的声音分成多少个数据去表示。可以想象,这个频率当然是越高越好。频率以 kHz(千赫兹)去衡量。44.1kHz 表示将 1s 的声音用 44 100 个采样样本数据去表示。目前最常用的三种采样频率分别为电话效果(11kHz)、FM 电台效果(22kHz)和 CD 效果(44.1kHz);市场上的非专业声卡的最高采样频率为 48kHz,专业声卡可高达 96kHz 或以上。一般人的耳朵能听到的频率范围是 20Hz～20kHz。而将声音数字化之所以需要 44.1kHz 是因为根据采样原理,采样频率至少是播放频率的两倍才足以在播放时正确还原。再考虑到有些乐器发出的高于 20kHz 的声音对人也有一定的作用,所以将采样频率定在 44.1kHz。

声道数指声音通道的个数,表明在同一时刻声音是只产生一个波形(单声道)还是产生两个波形(立体声双声道)。顾名思义,立体声听起来比单声道具有空间感,其存储空间是单声道的两倍。

4. 数字音频的文件格式

在计算机里面,存在着许多不同格式的声音文件。常用的音频文件有以下几类。

1) MID 和 RMI 格式

MID 和 RMI 扩展名表示这两种文件是 MIDI 文件。MIDI 是数字乐器接口的国际标准,它定义了电子音乐设备与计算机的通信接口,规定了使用数字编码来描述音乐乐谱的规范。计算机就是根据 MIDI 文件中存放的对 MIDI 设备的命令,即每个音符的频率、音量、通道号等指示信息进行音乐合成的。MID 文件的优点是短小,一个 6 分多钟、有 16 个乐器的文件也只有 80KB 多;缺点是播放效果因软、硬件而异。使用媒体播放机可以播放,但如果想有比较好的播放效果,计算机必须支持波表功能。目前大多数人都使用软件波表,最出名的就是日本 YAMAHA 公司出品的 YAMAHA SXG。使用这一软件波表进行播放,可以达到与真实乐器几乎一样的效果。

2) WAV 格式

WAV 是 Windows 本身存放数字声音的标准格式。由于微软的影响力,目前也成为一种通用性的数字声音文件格式,几乎所有的音频处理软件都支持 WAV 格式。由于 WAV 格式存放的一般是未经压缩处理的音频数据,所以体积都很大(1min 的 CD 音质需要 10MB),不适于在网络上传播。使用媒体播放机可以直接播放 WAV 格式。

3) MP3(MP1、MP2)格式

MP3 扩展名表示的是 MP3 压缩格式文件。MP3 的全称实际上是 MPEG Audio Layer-3,而不是 MPEG 3。MP3 具有压缩程度高(1min CD 音质音乐一般需要 1MB)、音质好的特点。

4) RA 和 RAM 格式

RA 和 RAM 扩展名表示的是 Real 公司开发的主要适用于网络上实时数字音频流技术的文件格式。由于它的面向目标是实时的网上传播,所以在高保真方面是远远不如 MP3,但在只需要低保真的网络传播方面却无人能及。

5) ASF、ASX、WMA、WAX 等格式

ASF 和 WMA 都是微软公司针对 Real 公司开发的新一代网上流式数字音频压缩技术。这种压缩技术的特点是同时兼顾了保真度和网络传输需求,所以具有一定的先进性。也是由于微软的影响力,这种音频格式现在正获得越来越多的支持,如 WinAMP 播放器可以播放,另外也可以使用 Windows 的媒体播放机播放。

7.3.2　图形与图像

1. 基本概念

对计算机而言,图形(Graphics)与图像(Image)是一对既有联系又有区别的概念,尽管都是一幅图,但图的产生、处理和存储方式不同。

图形是指由外部轮廓线条构成的矢量图,即由计算机绘制的直线、圆、矩形、曲线和图表等。矢量图文件中存储的是一组描述各个图元的大小、位置、形状、颜色和维数等属性的指令集合,通过相应的绘图软件读取这些指令,即可将其转换为输出设备上显示的图形。因此,矢量图文件的最大优点是对图形中的各个图元进行缩放、移动、旋转而不失真,而且它占用的存储空间小。

图像是由扫描仪、摄像机等输入设备捕捉实际的画面产生的数字图像,是由像素点阵构成的位图。位图文件中存储的是构成图像的每个像素点的亮度、颜色,位图文件的大小与分辨率和色彩的颜色种类有关,放大和缩小要失真,所描述对象在缩放过程中会损失细节或产生锯齿。占用空间比矢量文件大。

2. 图像的数字化

图形是使用专门绘图软件将描述图形的指令转换成屏幕上的矢量图形,主要参数是描述图元的位置、维数和形状的指令,因此不必对图形中的每一点进行数字化处理。

现实中的图像是一种模拟信号,不能直接用计算机进行处理,还需要进一步转换成用一系列的数据所表示的数字图像。这个进一步转换的过程也就是所谓计算机图像的数字化,也就是通常所说的采样、量化和编码。

所谓图像采样,就是计算机按照一定的规律,对模拟图像的位点所呈现出的表象特性,用数据的方式记录下来的过程。也就是把连续的图像转换成离散点的过程,实质是用若干像素(Pixel)点来描述一幅图像。采样需要决定在一定的面积内取多少点,或者叫多少像素,这就是所谓的“分辨率(dpi)”。分辨率越高,图像越清晰,存储量也越大。

图像量化则是在图像离散化后,还需要将采样所得各像素的颜色明暗(亮度)的连续变化值离散化为整数值的过程。而量化时可取整数值的个数称为量化级数,表示色彩(或亮度)所需的二进制位数称为量化字长,一般有 8 位、16 位、24 位、32 位等。记录每个点的亮度的数据位数,也就是所谓数据深度。例如,记录某个点的亮度用 1 字节(8bit)来表示,那么这个亮度可以有 256 个灰度级差。这 256 个灰度级差分别均匀地分布在由全黑(0)到全白(255)的整个明暗带中。当然,每个一定的灰度级将由一定的数值(0~255)来表示。

经过采样、量化后得到的图像数据量十分巨大。若要表示一个分辨率为 800×600 的画面,则共有 480 000 像素;1 像素用 3 字节表示,则这样一幅图像需要 480 000×3＝1 440 000 字节,约为 1.38MB。对于这些信息必须采用图像编码技术来压缩,这是图像传输和存储的关键。

3. 图像文件的格式

图像文件有以下几种格式。

1) BMP 格式

最典型应用 BMP 格式的程序就是 Windows 的画笔。BMP 格式的文件不压缩,占用磁盘空间较大,它的颜色存储格式有 1 位、4 位、8 位、24 位,该格式是当今应用比较广泛的一种格式。缺点是该格式文件比较大,所以只能应用在单机上,不受网络欢迎。

2) GIF 格式

GIF 格式在 Internet 上被广泛地应用,原因主要是 256 种颜色已经较能满足主页图像需要,而且文件较小,适合网络环境传输和使用。

3) JPEG 格式

JPEG 格式图片是采用 JPEG 压缩技术压缩生成的,可以用不同的压缩比例对这种文件压缩,其压缩技术十分先进,对图像质量影响不大,因此可以用最少的磁盘空间得到较好的图像质量。由于优异的性能,所以其应用非常广泛,而在 Internet 上,它更是主流图像格式。

4) PNG 格式

PNG(Portable Network Graphics)是一种新兴的网络图像格式,结合了 GIF 和 JPEG 的优点,具有存储形式丰富的特点。PNG 最大色深为 48 位,采用无损压缩方案存储。著名的 Macromedia 公司的 Fireworks 的默认格式就是 PNG。

5）PSD 格式（Photoshop 格式）

Adobe 公司开发的图像处理软件 Photoshop 中自建的标准文件格式就是 PSD 格式。在该软件所支持的各种格式中，PSD 格式存取速度比其他格式快很多，功能也很强大。由于 Photoshop 软件越来越广泛地被应用，所以这个格式也逐步流行起来。PSD 格式是 Photoshop 的专用格式，里面可以存放图层、通道、遮罩等多种设计草稿。

6）TIFF 格式

TIFF 格式具有图像格式复杂、存储信息多的特点。3ds Max 中的大量贴图就是 TIFF 格式的。TIFF 最大色深为 32 位，可采用 LZW 无损压缩方案存储。

7.3.3　视频信息

1. 基本概念

视频文件是由一系列的静态图像按一定的顺序排列组成的，每一幅图像画面称为帧（Frame）。电影、电视通过快速播放每帧画面，再加上人眼的视觉滞留效应便产生了连续运动的效果。当帧速率达到 12 帧/秒（12fps）以上时，就可以产生连续的视频显示效果。如果再把音频信号也加进来，便可以实现视频、音频信号的同时播放。

视频有两类：模拟视频和数字视频。早期的电视、电影等视频信号的记录、存储和传输都是采用模拟方式，现在出现的 VCD、DVD、数码摄像机等都是数字视频。

在模拟视频中，常用的有两种视频标准：NTSC 制式（30 帧/秒，525 行/帧）和 PAL 制式（25 帧/秒，625 行/帧），我国采用的是 PAL 制式。

2. 视频信号的数字化

视频信号数字化的目的是将模拟视频信号经模数转换和彩色空间变换转换成数字计算机可以显示和处理的数字信号。

视频模拟信号的数字化过程同音频相似，在一定的时间内以一定的速度对单帧视频信号进行采样、量化、编码等过程，实现模数转换、彩色空间变换和编码压缩等。一般包括以下几个步骤：

（1）采样，将连续的视频波形信号变为离散量。

（2）量化，将图像幅度信号变为离散值。

（3）编码，将数字化的视频信号经过编码成为电视信号，从而可以录制到录像带中或在电视上播放。

3. 视频文件的格式

视频文件可分为两大类：一类是本地影像文件，另一类是网络流媒体文件。

1）影像视频文件

影像视频文件主要包括 AVI 文件、MPEG 文件、MOV 文件、DivX 文件、DAT 文件等。

（1）AVI 文件：AVI 是音频视频交错（Audio Video Interleaved）的英文缩写，它是微软公司开发的一种符合 RIFF 文件规范的数字音频与视频文件格式。原先用于 Microsoft Video for Windows（简称 VFW）环境，现在已被 Windows 2K/XP、OS/2 等多数操作系统直接支持。AVI 格式允许视频和音频交错在一起同步播放，支持 256 色和 RLE 压缩，但 AVI 文件并未限定压缩标准，因此，AVI 文件格式只是作为控制界面上的标准，不具有兼容性，用不同压缩算法生成的 AVI 文件，必须使用相应的解压缩算法才能播放出来。AVI 文件目前主要应用在多媒体光盘上，用来保存各种影像信息；有时也用在 Internet 上，供用户下载、欣赏新影片的精彩片段。

（2）MPEG 文件：MPEG 的英文全称为 Moving Picture Expert Group，即运动图像专家组格式，家庭里常看的 VCD、DVD 就是这种格式。MPEG 文件格式是运动图像压缩算法的国际标准，它采用了有损压缩方法减少运动图像中的冗余信息。说得更加明白一点就是，MPEG 的压缩方法依据相邻两幅画面绝大多数是相同的，把后续图像中和前面图像有冗余的部分去除，从而达到压缩的目的（其最大压缩比可达到 200∶1）。目前 MPEG 格式有 5 个压缩标准，分别是 MPEG-1、MPEG-2、MPEG-4、MPEG-7、MPEG-21。

（3）MOV 文件：QuickTime（MOV）是 Apple 公司开发的一种音频、视频文件格式，用于保存音频和视频信息，具有先进的视频和音频功能。QuickTime 文件格式支持 25 位彩色，支持 RLE、JPEG 等领先的集成压缩技术，提供 150 多种视频效果，并配有提供了 200 多种 MIDI 兼容音响和设备的声音装置。新版的 QuickTime 进一步扩展了原有功能，包含了基于 Internet 应用的关键特性，能够通过 Internet 提供实时的数字化信息流、工作流与文件回放功能。此外，QuickTime 还采用了一种称为 QuickTime VR（简作 QTVR）技术的虚拟现实（VR）技术，用户通过鼠标或键盘的交互式控制，可以观察某一地点周围 360°的景象，或者从空间任何角度观察某一物体。QuickTime 以其领先的多媒体技术和跨平台特性、较小的存储空间要求、技术细节的独立性和系统的高度开放性，得到业界的广泛认可，目前已成为数字媒体软件技术领域的事实上的工业标准。国际标准化组织（ISO）曾选择 QuickTime 文件格式作为开发 MPEG-4 规范的统一数字媒体存储格式。

（4）DivX 文件：DivX 文件是由 MPEG-4 衍生出的另一种视频编码（压缩）标准，也即通常所说的 DVDrip 格式，它采用了 MPEG-4 的压缩算法，同时又综合了 MPEG-4 与 MP3 各方面的技术。也就是使用 DivX 压缩技术对 DVD 盘片的视频图像进行高质量压缩，同时用 MP3 或 AC3 对音频进行压缩，然后再将视频与音频合成并加上相应的外挂字幕文件而形成的视频格式。其画质直逼 DVD 并且体积只有 DVD 的数分之一。这种编码对机器的要求也不高，所以 DivX 视频编码技术可以说是一种对 DVD 造成威胁最大的新生视频压缩格式，被称为 DVD 杀手或 DVD 终结者。

（5）DAT 文件：很多软件都产生 DAT 文件扩展名。这里说的 DAT 文件是指从 VCD 光盘中看到的，用计算机打开 VCD 光盘，可以看到有个 MPEGAV 目录，里面便有类似 MUSIC01. DAT 或 AVSEQ01. DAT 的文件。这个 DAT 文件也是 MPG 格式的，是 VCD 刻录软件将符合 VCD 标准的 MPEG-1 文件自动转换生成的。

2）网络流媒体视频文件

网络流媒体视频文件主要包括 RM 文件、ASF 文件、WMV 文件、RMVB 文件等。

（1）RM 文件：Real Networks 公司所制定的音频/视频压缩规范称为 Real Media（RM），用户可以使用 Real Player 或 RealOne Player 对符合 Real Media 技术规范的网络音频/视频资源进行实况转播，并且 Real Media 可以根据不同的网络传输速率制定不同的压缩率，从而实现在低速率的网络上进行视频数据实时传送和播放。这种格式的另一个特点是用户使用 Real Player 或 RealOne Player 播放器可以在不下载音频/视频内容的条件下实现在线播放。另外，RM 作为目前主流网络视频格式，还可以通过其 Real Server 服务器将其他格式的视频转换成 RM 视频并由 Real Server 服务器负责对外发布和播放。RM 和 ASF 格式可以说各有千秋，通常 RM 视频更柔和一些，而 ASF 视频则相对清晰一些。

（2）ASF 文件：ASF（Advanced Streaming Format）是微软公司为了和现在的 Real Player 竞争而推出的一种视频格式，用户可以直接使用 Windows 自带的 Windows Media Player 对其进行播放。由于它使用了 MPEG-4 的压缩算法，所以压缩率和图像的质量都很不错(高压缩率有利于视频流的传输,但图像质量肯定会受损失,所以有时候 ASF 格式的画面质量不如 VCD 是正常的)。

(3) WMV 文件:WMV(Windows Media Video)也是微软公司推出的一种采用独立编码方式并且可以直接在网上实时观看视频节目的文件压缩格式。WMV 格式的主要优点包括本地或网络回放、可扩充的媒体类型、部件下载、可伸缩的媒体类型、流的优先级化、多语言支持、环境独立性、丰富的流间关系和扩展性等。

(4) RMVB 文件:这是一种由 RM 视频格式升级延伸出的新视频格式,它的先进之处在于 RMVB 视频格式打破了原先 RM 格式那种平均压缩采样的方式,在保证平均压缩比的基础上合理利用比特率资源,也就是说静止和动作场面少的画面场景采用较低的编码速率,这样可以留出更多的带宽空间,而这些带宽会在出现快速运动的画面场景时被利用。这样在保证了静止画面质量的前提下,大幅地提高了运动图像的画面质量,从而图像质量和文件大小之间就达到了微妙的平衡。另外,相对于 DVDrip 格式,RMVB 格式的视频也有着较明显的优势,一部大小为 700MB 左右的 DVD 影片,如果将其转录成同样视听品质的 RMVB 格式,文件最多也就 400MB 左右。

7.3.4 数据压缩技术

1. 数据压缩的概念

多媒体信息包括文本、数据、声音、动画、图像、图形、视频等多种媒体信息。虽然经过数字化处理后其数据量非常大,如果不进行数据压缩处理,计算机系统就无法对它进行存储和交换。另一个原因是图像、音频和视频这些媒体具有很大的压缩潜力。因为在多媒体数据中,存在着空间冗余、时间冗余、结构冗余、知识冗余、视觉冗余、图像区域的相同性冗余、纹理的统计冗余等。它们为数据压缩技术的应用提供了可能的条件。因此在多媒体系统中必须采用数据压缩技术,这是多媒体技术中一项十分关键的技术。

数据压缩是以一定的质量损失为前提的,按照某种方法从给定的信源中推出已简化的数据表述。这里所说的质量损失一般都是在人眼允许的误差范围之内,压缩前后的图像如果不做非常细致的对比是很难觉察出两者的差别的。处理一般由两个过程组成:一是编码过程,即将原始数据经过编码进行压缩,以便存储与传输;二是解码过程,此过程对编码数据进行解码,还原为可以使用的数据。

根据解码后的数据与原始数据是否完全一致,数据压缩方法一般分为两类。

(1) 可逆编码方法(无损压缩)。可逆编码方法的解码图像必须和原始图像严格相同,即压缩是完全可以恢复的或无偏差的。这种压缩方法也被称为无损压缩。常见的无损压缩方法有熵编码、行程编码和 LZW 编码等。

(2) 不可逆编码方法(有损压缩)。用不可逆编码方法压缩的图像,在还原以后与原始图像相比有一定的误差,所以又称为有损压缩编码。

2. 数据压缩技术的性能指标

(1) 压缩比:指输入数据和输出数据比。例如,图像分辨率为 512×480,位深度为 24 位,则输入 $= (512 \times 480 \times 24)/8 = 737\,280B$。若输出 15\,000B,则压缩比 $= 737\,280/15\,000 = 49$。

(2) 图像质量:对于有损压缩,失真情况很难量化,只能对测试的图像进行估计。而无损压缩不存在这一问题。

(3) 压缩解压速度:在许多应用中,压缩和解压可能在不同的位置不同的系统中。所以,压缩、解压速度分别估计。在静态图像中,压缩速度没有解压速度严格;在动态图像中,压缩、解压速度都有要求,因为需实时地从摄像机或其他设备中抓取动态视频。

(4) 开销:有些压缩、解压工作可用软件实现。设计系统时必须充分考虑算法复杂(压缩解压过程长)、算法简单(压缩效果差)等问题。目前有些特殊硬件可用于加速压缩/解压。硬接线系统速度快,但各种选择在初始设计时已确定,一般不能更改。因此在设计硬接线压缩/解压系统时必须先将算法标准化。

3. 数据压缩的国际标准

由于多媒体技术迅速发展,用户如何选择产品,以便能自由地,组合、装配来自不同厂家的产品部件,构成自己满意的系统? 这就提出了一个不同厂家产品的兼容性问题,因此需要一个全球性的统一的国际技术标准。

国际标准化组织(International Standardization Organization,ISO)、国际电工委员会(International Electro Technical Commission,IEC)、国际电信联盟(International Telecommunication Union,ITU)等国际组织于 20 世纪 90 年代领导制定了三个重要的多媒体国际标准,即 JPEG 标准、MPEG 标准、H.261 标准。

4. 静态图像压缩编码的国际标准(JPEG)

1986 年,CCITT 和 ISO 两个国际标准化组织联合成立了一个联合图像专家组 JPEG (Joint Photographic Experts Group),该小组开发研制出连续色调、多级灰度、静止图像的数字图像压缩编码方法,这个压缩编码方法就是 JPEG 算法,于 1991 年成为正式的国际标准。该标准不仅适用于静态图像的压缩,对于电视图像序列中帧内图像的压缩编码也常用 JPEG 压缩标准。基于离散余弦变换(DCT)的编码方法是 JPEG 算法的核心内容。

JPEG 只有帧内压缩,每帧可随机存取。JPEG 压缩方法满足以下要求:

(1) 达到或接近当前压缩比与图像保真度的技术水平,用户可选择期望的压缩/质量比。

(2) 能适用于任何连续色调数字图像,且长宽比都不受限制,同时也不受限于景物内容、图像的复杂程序和统计特性等。

(3) 计算机的复杂性是可控制的,其软件可在各种 CPU 上完成,算法也可用硬件实现。

5. MPEG-1 标准

MPEG 是运动图像的数字图像压缩编码方法,是英文 Moving Picture Experts Group(即运动图像专家小组)的缩写。MPEG-1 标准(ISO/IEC 11172-Ⅱ)是针对全活动视频的压缩标准,该标准包括 MPEG 视频、MPEG 音频和 MPEG 系统三大部分。MPEG 视频是面向位速率约 1.5Mbps 的全屏幕运动图像的数据压缩,MPEG 音频是面向每通道速率为 64kbps、128kbps,192kbps 的数字音频信号的压缩。

MPEG 输入图像亮度信号的分辨率为 360×240,色度信号的分辨率为 180×120,每秒 29.97 帧,采用双向运动补偿。MPEG 把输入的视频信号分成组,用三种图像格式标出:帧内图像、预测图像和差补图像。每组中的第一帧用帧内图像格式编码,第 $1M$、$2M$、$3M$ 帧(M 一般选为 3)用预测图像格式编码,其他各帧使用差补图像格式编码。差补图像不仅利用过去的帧内图像或预测图像,也利用未来的帧内图像或预测图像进行运动补偿,因此可以达到更高的图像压缩率。

1)MPEG-1 视频压缩特点

(1) 随机存取:要求能在被压缩的视频比特流中间进行存取,并且能在限定的时间内对视频的任一帧进行解码。

(2) 快速正向/逆向搜索:可对压缩数据流进行扫描,利用合适的存取点来显示所选择的图像。

（3）逆向重播：交互式应用有时需要视频信号能够逆向重播。

（4）视听同步：提供机制使视频/音频能持久地同步。

（5）容错性：在有误差的情况下，也能避免编码失败。

（6）编解码延迟：传输质量与延迟是一对矛盾，延迟时间被看作一个阈值参数设定。

2）MPEG-1 视频压缩策略

为了提高压缩比，MPEG-1 同时使用了帧内图像数据压缩和帧间图像数据压缩技术。帧内压缩算法与 JPEG 压缩算法大致相同，采用基于 DCT 的变换编码技术，以减少空域冗余信息。帧间压缩算法采用预测和插补法，预测法有单纯性预测（因果预测）和非因果预测（插补）。预测误差可再通过 DCT 变换编码处理，进一步压缩，帧间编码技术可减少时间轴方向的冗余信息。

MPEG-1 音频编码过程如下：输入的音频抽样被读入编码器；映射器建立经滤波的输入音频数据流的子带抽样表示，如在层 1 或层 2 是子带抽样，则在层 3 是经过变换的子带抽样；心理声学模型建立一组控制量化的数据；各子带系数经过量化和编码，再加上其他一些附加信息；最后形成已编码的数据流。

压缩后的比特流可以按单声道模式、双-单声道模式（Dual-Monophonic Mode）、立体声模式和联合立体声模式 4 种模式之一支持单声道或双声道。

MPEG-1 音频标准提供 3 个独立的压缩层次：第 1 层（Layer 1）、第 2 层（Layer 2）和第 3 层（Layer 3），用户对层次的选择可在编码方案的复杂性和压缩质量之间进行权衡。

第 1 层的编码器最为简单，应用于数字盒式磁带（Digital Compact Cassette，DCC）记录系统。第 2 层的编码器的复杂程度属中等，应用于数字音频广播（DAB）、CD-ROM、CD-I 和 VCD 等。第 3 层的编码器最为复杂，应用于综合业务数字网（ISDN）上的音频传输、Internet 上的广播、MP3 光盘存储等。

MPEG-1 标准是 VCD 工业标准的核心。MPEG-1 音频第 3 层的 MP3 是广受欢迎的音乐格式。

6. MPEG-2 标准

MPEG-2 是 MPEG-1 的扩充、丰富和完善。MPEG-2 标准包括 MPEG 系统、MPEG 视频、MPEG 音频和 MPEG 一致性 4 部分内容，是运动图像及其伴音的通用编码国际标准。MPEG-2 标准克服并解决了 MPEG-1 标准不能满足的日益增长的多媒体技术、数字电视技术、多媒体分辨率和语率等方面技术要求的缺陷。

MPEG-2 标准的系统功能是将一个或多个音频、视频或其他的基本数据流合成单个或多个数据流，以适应存储和传送。符合 MPEG-2 标准的编码数据流，可以在一个很宽的恢复和接收条件下进行同步解码。MPEG-2 系统支持的 5 项基本功能分别是解码时多压缩流的同步、将多个压缩流交织成单个的数据流、解码时缓冲器初始化、缓冲区管理和时间识别。MPEG-2 标准的压缩编码系统是将视频和音频编码算法结合起来开发的。系统编码有两种方法，其编码输出包括传送流（Transport Stream，TS）和程序流（Program Stream，PS）两种定义流。传送流和协议 ISO/IEC 11172-1 系统定义的流相似，程序流是一种用来传送和保存的编码数据或其数据的数据流。

1）MPEG-2 视频

MPEG-2 视频体系的视频分量的数据速率范围大约为 2～15Mbps。MPEG-2 视频体系要求保证与 MPEG-1 视频体系向下兼容，并且同时应满足数据在存储媒体、可视电话、数字电视、高清晰电视（HDTV）、通信网络等领域的应用。分辨率有低（352×288）、中（720×480）、次高（1440×1080）、高（1920×1080）等不同档次，压缩编码方法也从简单至复杂有不同等级。

MPEG-2 标准详细地叙述了数字存储媒体和数字视频通信中的图像信息的编码描述和解码过程。它支持固定比特率传送、可变比特率传送、随机访问、信道跨越、分级解码、比特流编辑和一些特殊功能。

MPEG-2 视频编码的关键技术与 MPEG-1 基本一致，其与 MPEG-1 的区别主要是隔行扫描制式下，DCT 到底是在场内进行还是在帧内进行由用户自行选择，亦可自适应选择。一般情况下，对细节多、运动部分少的图像在帧内进行 DCT，而对细节少、运动部分多的图像在场内进行 DCT。

MPEG-2 采用了分层的编码体系，提供了较好的可扩充性和互操作能力。MPEG-2 整个视频比特流由逐级嵌入的若干层组成，这样不同复杂度的解码器可根据自身的能力从同一比特流中抽出不同层解码，得到不同质量、不同时间/空间分辨率的视频信号。分层编码使同一比特流能适应不同特性的解码器，极大地提高了系统的灵活性、有效性。为了实现分层编码，MPEG-2 提供了 4 种工具：空间可扩展性、时间可扩充性、信噪比可扩充性和数据分块。MPEG-2 还提供了框架和等级的概念，给出了丰富的编码、灵活的操作模式，以适应不同场合的需要。

2）MPEG-2 音频

MPEG-2 标准委员会定义了两种音频压缩编码算法。

一种是 MPEG-2 Audio 或称为 MPEG-2 多通道声音，因为它与 MPEG-1 Audio 是兼容的，所以又称为 MPEG-2 BC（Backward Compatible）。与 MPEG-1 相比较，MPEG-2 BC 主要在两方面做了重大改进。一是增加了声道数，支持 5.1 声道和 7.1 声道的环绕声；二是在某些低数码率应用场合，增加了 16kHz、22.05kHz、24kHz 三种低采样频率。同时，标准规定的码流形式还可以与 MPEG-1 的第一层和第二层做到前、向后兼容，并可做到与双声道、单声道形式的向下兼容，还能够与环绕声形式兼容。在 MPEG-2 BC 的压缩算法中，除沿用了 MPEG-1 的绝大部分技术外，还采用了多种新技术，如动态传输声道切换、动态串音、自适应多声道预测、中央声道部分编码（Phantom Coding of Center）等。

另一种是 MPEG-2 AAC（Advanced Audio Coding）。MPEG-2 AAC 是一种非常灵活的声音感知编码标准。其主要使用听觉系统的掩蔽特性来压缩声音的数据量，并且通过把量化噪声分散到各个子带中，用全局信号把噪声掩蔽掉。MPEG-2 AAC 支持的采样频率可从 8kHz 到 96kHz，AAC 编码器的音源可以是单声道的、立体声的和多声道的声音。MPEG-2 AAC 标准可支持 48 个主声道、16 个低频音效加强通道、16 个多语言声道和 16 个数据流。MPEG-2 AAC 的压缩比为 11∶1，即每个声道的数据率为 $(44.1×16)/11=64$（kbps），在 5 声道的总数据分类为 320kbps 的情况下，很难区分还原后的声音与原始声音之间的差别。与 MPEG 的层 2 相比，MPEG-2 AAC 的压缩率可提高 1 倍，而且质量更高；与 MPEG 的层 3 相比，在质量相同的条件下数据率是它的 70%。

DVD 格式的视频部分将采用 MPEG-2 压缩标准，而音频部分压缩标准将随电视制式而异，MPEG-2 压缩标准已被以欧洲为主的国家采纳并用于 PAL 制式的音频中，但以美国和日本为主的国家则在 NTSC 制式中采用 AC3 音频压缩标准。

7．H.261 视听通信编码、解码标准

H.261 是电视电话/会议电视标准，即 $P×64$kbps 视频编码/解码标准。其中，P 是一个可变参数，取值为 1～30。当 $P=1$ 或 2 时，仅能支持桌面上的面对面直观通信（即 64kbps 或 128kbps）；当 $P≥6$ 时，支持通用中间格式每秒帧数较高活动图像的电视会议。由于帧率的提高,复杂的画面能传送出去,画面质量也得到改善。

$P\times64$kbps 视频编码压缩算法采用了混合编码方案,即基于 DCT 的离散余弦变换编码方法和带有运动预测的差分脉冲编码调制方法相混合。该算法与 MPEG 算法有相同之处,但也有区别。区别在于 $P\times64$kbps 的目标是适应各种信道容量的传输,而 MPEG 标准的目标是在狭窄的频带上实现高质量的图像和高保真声音的传递。

$P\times64$kbps 视频编码压缩算法包括信息源编码和统计编码(熵编码)两部分。信息源编码采用失真编码方法,又分帧内编码(一般采用单一性的基于 DCT 的 8×8 块变换编码方法)和帧间编码(采用混合编码方法)两种情况。

7.4 常用多媒体制作软件 ◆

7.4.1 Windows 的数字媒体

Windows 自身带有一些多媒体制作软件,这些应用程序被组织在附件下。

1. Windows 图像编辑器

画图是一个画图工具,可以用它创建简单或者精美的图画,如图 7-2 所示。这些图画可以是黑白或彩色的,并可以存为位图文件。可以打印绘图,将它作为桌面背景,或者粘贴到另一个文档中。甚至还可以用"画图"程序查看和编辑扫描好的照片,并处理图片,如 JPG、GIF 或 BMP 文件。可以将"画图"图片粘贴到其他已有文档中,也可以将其用作桌面背景。

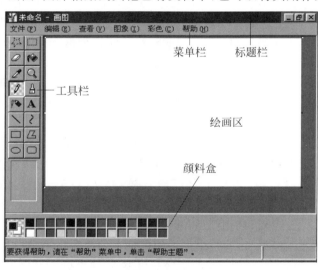

图 7-2 画图

图 7-3 录音机

2. 录音机

使用录音机可以录制、混合、播放和编辑声音,如图 7-3 所示。也可以将声音链接或插入另一个文档中。通过以下方法可修改未压缩的声音文件:

(1) 向文件中添加声音。

(2) 删除部分声音文件。

(3) 更改回放速度。

（4）更改回放音量。

（5）更改回放方向。

（6）更改或转换声音文件类型。

（7）添加回音。

需要注意的是，在录音时，计算机必须安装麦克风，录下的声音被保存为波形（WAV）文件。

3. 音量控制器

使用 Windows XP 控制面板中的"声音和音频设备属性"组件，可以打开音量控制器，如图 7-4 所示。通过音量控制器，可以调整计算机或多媒体应用程序（如 CD 唱机、DVD 播放机和录音机）播放的声音、音量、左右扬声器之间的平衡、低音和高音设置。也可以在使用声音命令时调整声音设置。

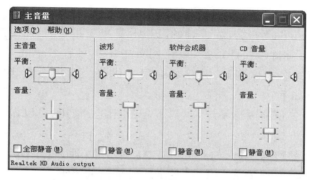

图 7-4　音量控制器

4. 媒体播放器

使用 Windows 提供的 Windows Media Player 可以查找和播放计算机上的数字媒体文件、播放 CD 和 DVD，以及流入来自 Internet 的数字媒体内容。此外，可以从音频 CD 录音乐，刻录自己最喜欢的音乐 CD，将数字媒体文件同步到便携设备上。Windows Media Player 的界面如图 7-5 所示。

图 7-5　Windows Media Player 的界面

7.4.2　其他常用多媒体制作软件

1. Photoshop（平面设计软件）

Photoshop 是著名的平面设计软件，它具有强大的绘图、校正图片和图像创作功能。

Photoshop 的前身是一款叫作 Barney Scan 的扫描仪配套软件,后来 Adobe 公司看中了其优秀的图像处理功能,将它开发成为功能更为强大的图像处理软件,并将其命名为 Photoshop。现在已经开发到了 Photoshop CC2021 版本。Photoshop 的主要特点如下:

(1) 支持多种文件格式。

(2) 强大的绘图功能。

(3) 灵活的选取功能。

(4) 方便调整。

(5) 支持多种色彩模式。

(6) 变形功能。

(7) 丰富的滤镜功能。

(8) 提供图层和通道功能。

2. Flash(二维动画制作软件)

Flash 是由 Macromedia 公司开发设计的,Flash 是集矢量绘图、动画制作和交互式设计三大功能于一身的二维动画制作软件,它可以让网页中不再只有简单的 GIF 动画或 Java 小程序,而是一个完全交互式多媒体网站,并且具有很多优势。现在已经开发到了 Flash CS6 版本。Flash 的主要特点如下:

(1) 它是一种基于矢量的图形系统,非常适合在网络上使用,可以做到真正的无级放大。

(2) 采用插件工作方式。

(3) 具有非常有用的增强功能,如支持声音、位图图像、渐变色、Alpha 透明等。

(4) 采用了信息流的数据传送方式,满足了实时播放的要求。

(5) Flash 的文件格式可以分为静态与动态两种。静态格式包括 GIF、JPEG、BMP、WMF、PMG 等。动态格式包括 Shockwave Flash(SWF)、QuickTime、AVI 等。

3. 3ds Max(三维造型与动画的设计制作软件)

3ds Max 是三维造型与动画的设计制作软件。Autodesk 公司的媒体和娱乐子公司 Discreet 公司发布了专为"3ds Max 维护合约用户"而特制的升级版本 3ds Max 7.5 Extension。该版本提供了一系列备受瞩目的新特色和新功能,如内置的毛发制作系统、渲染器 mental ray 3.4,以及集成的可视化设计工具,极大地扩展 Discreet 公司三维造型和动画系统的制作能力。

3ds Max 是当前世界上销售量最大的三维建模、动画和渲染解决方案,3ds Max 4 是其具有显著提高的版本,曾广泛应用于视觉效果、角色动画和下一代的游戏开发领域。3ds Max 4 是业界应用最广的建模平台并集成了新的子层面细分(Subdivision)表面和多边形几何建模,还包括新的集成动态着色(Active Shade)和元素渲染(Render Elements)功能的渲染工具。同时 3ds Max 4 提供了与高级渲染器的连接,如 mental ray 和 Renderman,来产生更好的渲染效果,如全景照亮、聚焦和分布式渲染。

4. Authorware(多媒体系统开发工具软件)

Authorware 是多媒体系统开发工具软件,是美国 Macromedia 公司的产品。该软件采用的面向对象的设计思想,不但大大提高了多媒体系统开发的质量与速度,而且使非专业程序员进行多媒体系统开发成为现实。

Authorware 的主要特点如下:

(1) 面向对象的创作。

(2) 跨平台体系结构。

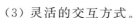

（3）灵活的交互方式。

（4）高效的多媒体集成环境。

（5）标准的应用程序接口。

（6）脱离开发环境独立运行。

思考与练习

1. 多媒体信息处理包括哪些关键技术？

2. 简述图形与图像的概念，并说明二者的不同点。

3. 图形文件一般来说可以分为两大类：位图和矢量图，分别描述其特点。

4. 说明数据压缩方法一般划分为哪两类，并分别阐述其特点。

5. 简述三个重要的多媒体国际标准。

参 考 文 献

[1] 郭娜,刘颖,王小英,等.大学计算机基础[M].北京：清华大学出版社,2019.

[2] 张帆,赵莉,谭玲丽.计算机基础[M].北京：北京理工大学出版社,2021.

[3] 周明红,王建珍.计算机基础[M].4版.北京：人民邮电出版社,2019.

[4] 周舸,白忠建,朱镕申,等.计算机导论[M].北京：人民邮电出版社,2016.

[5] 刘勇.大学计算机基础[M].2版.北京：清华大学出版社,2020.

[6] 龚沛曾,杨志强.大学计算机基础简明教程[M].3版.北京：高等教育出版社,2021.

[7] 徐秀花,陈如琪,李业丽,等.大学计算机基础[M].北京：清华大学出版社,2017.